T0209128

*essentials* liefern aktuelles Wissen in konzentrierter Form. Die Essenz dessen, worauf es als „State-of-the-Art" in der gegenwärtigen Fachdiskussion oder in der Praxis ankommt. *essentials* informieren schnell, unkompliziert und verständlich

- als Einführung in ein aktuelles Thema aus Ihrem Fachgebiet
- als Einstieg in ein für Sie noch unbekanntes Themenfeld
- als Einblick, um zum Thema mitreden zu können

Die Bücher in elektronischer und gedruckter Form bringen das Fachwissen von Springerautorinnen kompakt zur Darstellung. Sie sind besonders für die Nutzung als eBook auf Tablet-PCs, eBook-Readern und Smartphones geeignet. *essentials* sind Wissensbausteine aus den Wirtschafts-, Sozial- und Geisteswissenschaften, aus Technik und Naturwissenschaften sowie aus Medizin, Psychologie und Gesundheitsberufen. Von renommierten Autorinnen aller Springer-Verlagsmarken.

Lars Schnieder

# Leitfaden Automotive Cybersecurity Engineering

Absicherung vernetzter Fahrzeuge
auf dem Weg zum autonomen
Fahren

2. Auflage

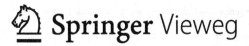 Springer Vieweg

Prof. Dr.-Ing. habil. Lars Schnieder
ESE Engineering und
Software-Entwicklung GmbH
Braunschweig, Deutschland

ISSN 2197-6708          ISSN 2197-6716   (electronic)
essentials
ISBN 978-3-662-67332-4        ISBN 978-3-662-67333-1   (eBook)
https://doi.org/10.1007/978-3-662-67333-1

Die Deutsche Nationalbibliothek verzeichnet diese Publikation in der Deutschen Nationalbibliografie; detaillierte bibliografische Daten sind im Internet über http://dnb.d-nb.de abrufbar.

Planung/Lektorat: Alexander Gruen
Springer Vieweg ist ein Imprint der eingetragenen Gesellschaft Springer-Verlag GmbH, DE und ist ein Teil von Springer Nature.
Die Anschrift der Gesellschaft ist: Heidelberger Platz 3, 14197 Berlin, Germany

# Was Sie in diesem *essential* finden können

- Erläuterung der Motivation für ein Security in Engineering insbesondere für sicherheitsrelevante elektronische Steuerungssysteme für Kraftfahrzeuge.
- Beschreibung eines Managements der Cybersecurity als projektunabhängige Befähigung einer Organisation zur Entwicklung gegen unberechtigter Zugriffe Dritter gehärteter sicherheitsrelevanter elektronischer Steuerungssysteme für Kraftfahrzeuge.
- Beschreibung eines Managements der Cybersecurity als projektbezogene Querschnittsaufgabe in der Entwicklung sicherheitsrelevanter elektronischer Steuerungssysteme für Kraftfahrzeuge.
- Erklärung der strukturierten Vorgehensweise der Ableitung eines angemessenen Schutzgrades gegen unberechtigte Zugriffe Dritter auf Grundlage eines risikoorientierten Ansatzes.
- Darstellung eines strukturierten Entwurfs-Prozesses in Bezug auf Cybersecurity in Anlehnung an die aktuell bestehende Normenlage in diesem Bereich.
- Darstellung der für einen rechtssicheren Nachweis angemessener Schutzmaßnahmen gegen unberechtigten Zugriff Dritter insbesondere auf sicherheitsrelevante elektronische Steuerungssysteme für Kraftfahrzeuge erforderlichen Aktivitäten.

# Vorwort

Die Digitalisierung des Verkehrs ist in aller Munde. Die Fahrzeugautomation entlastet den Fahrer in immer stärkerem Maße von der Fahraufgabe, bzw. wird diesen langfristig möglicherweise vollständig von der Fahraufgabe entbinden. Diese komplexen Funktionen der Fahrzeugautomatisierung werden durch immer komplexere Steuerungssysteme in den Fahrzeugen sowie die Vernetzung von Fahrzeugen untereinander und mit ihrer Umwelt erst möglich. Diese Vernetzung bietet jedoch neue Ansatzpunkte für unberechtigte Zugriffe Dritter auf die sicherheitsrelevanten elektronischen Steuerungssysteme für Kraftfahrzeuge. Damit das Vertrauen der Fahrzeugbesitzer nicht durch die Kompromittierung von Systemen und Komponenten der Fahrzeugautomatisierung (insbesondere ihrer Sicherheit und Verfügbarkeit) verletzt wird, sind entlang des gesamten Lebenszyklus von Fahrzeugen gezielte Maßnahmen für die Gestaltung und Aufrechterhaltung der Angriffssicherheit sicherheitsrelevanter elektronischer Steuerungssysteme für Kraftfahrzeuge zu ergreifen.

Die ISO 26262 hat sich in der Gestaltung funktional sicherer elektronischer Steuerungssysteme für Kraftfahrzeuge in den vergangenen Jahren in der Praxis bewährt. Ihr Geltungsbereich wurde im Rahmen der zweiten Ausgabe der ISO 26262 auf Motorräder und Nutzfahrzeuge ausgedehnt und ein Hinweis darauf aufgenommen, dass die Gewährleistung der Funktionalen Sicherheit eines Kraftfahrzeuges, getreu der Devise „what's not secure is not safe" auch eines wirksamen Schutzes gegen unberechtigte Zugriffe Dritter bedarf. Die Umsetzung eines solchen wirksamen Schutzes gegen unberechtigte Zugriffe Dritter ist ebenfalls Gegenstand dedizierter Management- und Entwurfsaktivitäten, die in diesem *essential* beschrieben werden. Die vorliegende zweite Auflage dieses *essentials* ist eine umfassende Erweiterung der gemeinsam mit Herrn Dr.-Ing. René Hosse verfassten ersten Auflage. Die zweite Auflage ist hinsichtlich der mittlerweile fortgeschriebenen Normenlandschaft in diesem Bereich aktualisiert worden. Dieses *essential* stellt einen Diskussionsbeitrag dar. Hierin fließen Erkenntnisse und Erfahrungen ein, die ich im Rahmen meiner internationalen Beratungs- und Begutachtungsaktivitäten mit Automobilherstellern und Unternehmen der Automobil-Zulieferindustrie gewonnen habe. Dieses *essential* gibt Praktikern der Automobilindustrie sowie Studierenden einen Einstieg in dieses Thema.

Prof. Dr.-Ing. habil. Lars Schnieder

# Inhaltsverzeichnis

# Einführung 1

Dieser Abschnitt stellt die Motivation dar, warum Cybersecurity für Kraftfahrzeuge ein zunehmend wichtigeres Thema wird (vgl. Abschn. 1.1). Anschließend wird verdeutlicht, warum Cybersecurity einen strukturierten Entwurfsansatz benötigt (vgl. Abschn. 1.2). Abschließend wird die grundlegende Architektur des Prozessgebäudes eines Cybersecurity Engineerings skizziert. Dieses ist strukturgleich zu dem für die Funktionale Sicherheit elektronischer Steuerungssysteme für Kraftfahrzeuge etablierten Entwurfsansatz (vgl. Abschn. 1.3).

## 1.1 Warum brauchen wir Cybersecurity für Kraftfahrzeuge?

Sicherheit (engl. Safety) ist generell in einem ingenieursmäßigen Verständnis die „Abwesenheit unzulässiger Schadensrisiken". Ein Versagen sicherheitsrelevanter elektronischer Steuerungssysteme für Kraftfahrzeuge (z. B. eine elektronische Lenkung), führt zu Gefährdungen von Personen, Sachwerten oder der Umwelt. Dieses Verständnis der Funktionalen Sicherheit kann anhand einer beispielhaften Gefährdungsidentifikation und Risikobewertung (engl. Hazard Analysis and Risk Assessment, HARA) einer elektronischen Lenkung für Kraftfahrzeuge verdeutlicht werden.

> **Beispiel**
>
> Elektronische Lenksysteme sollen die vom Fahrer durchgeführte manuelle Spurführung unterstützen. Hierbei kann es zu einer Fehlfunktion des den Fahrer unterstützenden technischen Systems kommen. In diesem Fall ist die vom elektronischen Lenksystem bereitgestellte Unterstützung von ihrem Betrag her

höher als bei der gegebenen Fahreranforderung vorgesehen. Um die elektronische Lenkung mit einem angemessenen Grad an Vertrauen zu realisieren, ist der erforderliche Automotive Safety Integrity Level (ASIL) zu bestimmen. Der ASIL bestimmt den Umfang der in der Entwicklung zu ergreifenden Maßnahmen gegen systematische Fehler und zufällige Ausfälle. Hierfür müssen die *Häufigkeit* der Fahrsituation, das potenzielle *Schadensausmaß* bei Funktionsausfall der elektronischen Lenkung sowie die *Kontrollierbarkeit* des Fahrmanövers durch den Fahrer bei einem Funktionsausfall des elektronischen Lenksystems bewertet werden. Eine mögliche Ausprägung der Risikobewertung wäre in diesem Beispiel wie folgt:

- *Bewertung der Häufigkeit:* Kritische Betriebssituationen entstehen bei hohen Geschwindigkeiten und eher großen gewünschten Kurvenradien, da hier die vom Fahrer gewünschte Unterstützung gering ist. Dies sind beispielsweise Überlandfahrten auf Schnellstraßen oder Autobahnfahrten (Kategorie E4 gemäß ISO 26262-3).
- *Bewertung des Schadensausmaßes:* Das Fehlerbild führt dazu, dass das Fahrzeug für den Fahrer unerwartet einen engeren Kurvenradius umsetzt. Angesichts der hohen Geschwindigkeiten der zuvor geschilderten kritischen Betriebssituationen auf Schnellstraßen und Autobahnen, sind Kollisionen mit anderen Fahrzeugen, Fahrbahnbegrenzungen oder Passanten potenziell tödlich (Kategorie S3 gemäß ISO 26262-3).
- *Bewertung der Kontrollierbarkeit durch den Fahrer:* Der schlimmste Fall wäre bei dieser Fehlfunktion die Ausgabe der für die Lenkung maximal möglichen Unterstützungsleistung. Dies ist vom Fahrer keinesfalls zu verhindern. Somit basiert die Beherrschung des Fahrzeugs in diesem Fahrmanöver rein auf der Reaktionszeit des Fahrers. Durch die hohen Geschwindigkeiten der kritischen Betriebssituationen steht dem Fahrer nur eine sehr geringe Reaktionszeit zur Verfügung (Kategorie C3 gemäß ISO 26262-3).

Die Fehlfunktion „Unterstützung zu stark" führt zur Gefährdung „Selbstlenken". Werden die zuvor hergeleiteten Parameter der Häufigkeit, der Schadensschwere und Kontrollierbarkeit gemäß der in der ISO 26262-3 enthaltenen Risikomatrix miteinander verknüpft resultiert hieraus, dass die Gefährdung mit einem Sicherheitsziel gemäß ASIL-D beherrscht werden muss.

Cybersecurity bedeutet, dass für den Schutz eines sicherheitsrelevanten elektronischen Steuerungssystems Maßnahmen gegen einen unberechtigten Zugriff Dritter, bzw. eine Attacke zu ergreifen sind. Ein Versagen dieser

Schutzmaßnahmen führt dazu, dass die klassischen Schutzziele der Informationssicherheit (Vertraulichkeit, Verfügbarkeit und Integrität) nicht mehr gewahrt sind. Im schlimmsten Fall werden sicherheitsrelevante Funktionen des Fahrzeugs kompromittiert. Das ein solcher unberechtigter Zugriff auf sicherheitsrelevante elektronische Steuerungssysteme von Kraftfahrzeugen in der Praxis eine ernsthafte Bedrohung darstellt verdeutlicht das folgende Beispiel. ◀

**Beispiel**

Die amerikanischen Forscher Charlie Miller und Chris Valasek haben in ihrer im Jahr 2015 veröffentlichten Forschungsarbeit dargestellt, dass bereits mit vergleichsweise geringem Aufwand ein Zugriff auf sicherheitsrelevante elektronische Steuerungssysteme eines Chrysler Jeep Grand Cherokee (Baujahr 2014) möglich ist. Mit ihrem Angriff konnten sie potenziell auf alle Fahrzeuge in den Vereinigten Staaten mit der von ihnen identifizierten Schwachstelle zugreifen – ohne dass zuvor Änderungen am Fahrzeug oder ein physischer Zugriff in irgendeiner Form notwendig gewesen wäre. Sie nutzten einen Fernzugriff, um hierüber einen vollständigen schreibenden Zugriff auf die sicherheitsrelevante Kommunikation auf dem fahrzeuginternen CAN-Bus inklusive der hierüber möglichen Kernfunktionen der Fahrzeugquerführung (Lenkung) und Fahrzeuglängsführung (Bremse).

In ihrer Forschungsarbeit legten Miller und Valasek offen, dass viele Fahrzeuge des betroffenen Herstellers aus der Ferne angegriffen werden können. Nicht nur wegen der hohen Anzahl betroffener Fahrzeuge sondern auch aufgrund der weitreichenden Eingriffe in die Fahrzeugsteuerung erzeugt die Veröffentlichung der Forschungsergebnisse weltweit eine erhebliche mediale Aufmerksamkeit. Die Anzahl der verwundbaren Fahrzeuge betrug allein in den Vereinigten Staaten mehrere hunderttausend Fahrzeuge. Dies resultierte in einer Rückrufaktion, von der mehr als 1,4 Mio. Fahrzeuge betroffen waren. Abb. 1.1 zeigt den Angriffspfad von Miller und Valasek.

Zunehmend vernetzte Fahrzeuge mit kooperativen Assistenzfunktionen zeigen auf, dass die Funktionale Sicherheit, der Angriffsschutz aber auch der Wunsch der Nutzer nach einem Schutz ihrer personenbezogenen Daten in einem Spannungsverhältnis stehen. Abb. 1.2 verdeutlicht die verschiedenen Widersprüche in einem „magischen Dreieck". Die Widersprüche sollen für ein besseres Verständnis des Zusammenhangs verschiedener Entwurfsaufgaben in der Entwicklung sicherheitsrelevanter elektronischer Steuerungsgeräte für Kraftfahrzeuge zu Beginn dieses *essentials* erläutert werden.

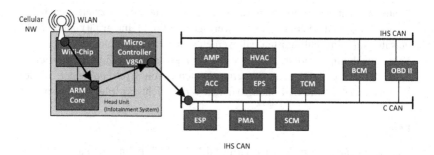

**Abb. 1.1**  Angriffspfad von Miller und Valasek. (Abbildungen nach Ihle und Glas 2016)

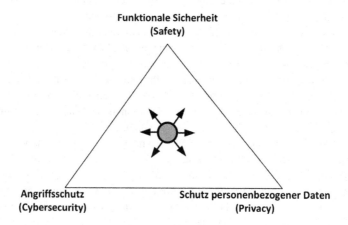

**Abb. 1.2**  Konflikte zwischen Funktionaler Sicherheit, Cybersecurity und dem Schutz personenbezogener Daten

- *Widersprüche zwischen Funktionaler Sicherheit und Cybersecurity:* Um ein angriffssicheres System zu entwickeln, sind beispielsweise leistungsfähige kryptografische Verfahren aus Sicht der Cybersecurity wünschenswert. Die Anwendung rechenintensiver kryptografischer Verfahren steht gegebenenfalls im Widerspruch zu einer aus Sicht der Funktionalen Sicherheit gewünschten Signalverarbeitung oder Datenübertragung mit möglichst wenig Latenzzeiten.
- *Widersprüche zwischen Cybersecurity und dem Schutz personenbezogener Daten:* Um ein angriffssicheres System auch für untereinander vernetzte

Fahrzeuge zu entwickeln, ist die Identifikation und Authentifizierung anderer Fahrzeuge erforderlich. Dies steht dem Interesse des Fahrers nach Schutz seiner personenbezogenen Daten entgegen.

- *Widersprüche zwischen Funktionaler Sicherheit und dem Schutz personenbezogener Daten:* Aus Sicht der Funktionalen Sicherheit sollten vernetzte Fahrzeuge gerade in kooperativen Fahrmanövern Orts- und Geschwindigkeitsinformationen so häufig wie möglich mit der Fahrzeugumgebung teilen. Diese Preisgabe von Daten steht im Widerspruch zum datenschutzrechtlichen Grundsatz der Datensparsamkeit und erlaubt durch Tracking und Profiling die Ableitung personenbezogener Daten.◄

## 1.2 Warum braucht Cybersecurity ein strukturiertes Engineering?

Wie die Funktionale Sicherheit auch, so erfordert auch die Cybersecurity einen wohl definierten und wohl strukturierten Entwicklungsansatz. Cybersecurity muss von Beginn an bei der Konzeption eines sicherheitsrelevanten elektronischen Steuerungssystems für Kraftfahrzeuge mit bedacht werden. Eine nachträgliche Ergänzung am Ende der Entwicklung ist aus mehreren Gründen nicht ratsam. Auch darf die Betrachtung der Cybersecurity nicht zum Zeitpunkt des Inverkehrbringens eines Kraftfahrzeugs enden, sondern muss sich auch über den Betrieb und die Instandhaltung bis hin zu seiner Stilllegung erstrecken:

- Die Identifikation, der Entwurf und die Umsetzung am Ende *unnötiger Maßnahmen* zur Absicherung eines sicherheitsrelevanten elektronischen Steuerungssystems gegen unberechtigten Zugriff Dritter binden nur begrenzt verfügbare Ressourcen (Kosten und Personalressourcen). Diese können möglicherweise für andere Zwecke im Unternehmen zielführender eingesetzt werden.
- Es kann zu einer Umsetzung *falscher Maßnahmen* zur Absicherung eines sicherheitsrelevanten elektronischen Steuerungssystems gegen unberechtigten Zugriff Dritter kommen. Damit wird unter dem Strich nicht der gewünschte Schutz bewirkt sondern möglicherweise erst eine Schwachstelle geschaffen, die später bei einem Angriff ausgenutzt werden kann.

- Es kann zu einer Umsetzung *unvollständiger oder inkonsistenter Maßnahmen* zur Absicherung eines sicherheitsrelevanten elektronischen Steuerungssystems gegen unberechtigten Zugriff Dritter kommen. Auch in diesem Fall verbleiben im Endeffekt noch Schwachstellen im zu schützenden System, die von Angreifern gezielt ausgenutzt werden können.
- Es kann zu einer *unabsichtlichen Einfügung zusätzlicher (ggf. unbekannter) Schwachstellen* kommen, was die Verwundbarkeit des zu schützenden Systems noch erhöht und dann im Sinne der Cybersecurity kontraproduktiv ist.

Wie auch im ingenieursmäßigen Verständnis der Funktionalen Sicherheit wird man auch bezüglich der Cybersecurity keinen absoluten Schutz sicherheitsrelevanter elektronischer Steuerungssysteme gegen unberechtigte Zugriffe Dritter erlangen können. Wie bei der Funktionalen Sicherheit auch wird man jedoch durch die Anwendung eines wohl definierten und strukturierten Entwicklungsprozesses die *Wahrscheinlichkeit* einer erfolgreichen Attacke deutlich reduzieren können. Dies geschieht durch die Anwendung eines strukturierten Entwicklungsansatzes bei dem potenzielle Bedrohungen, hieraus resultierende Schwachstellen und zu diesen korrespondierende angemessene Schutzmechanismen systematisch identifiziert und konsequent im gesamten Lebenszyklus eines sicherheitsrelevanten elektronischen Steuerungssystems mit berücksichtigt werden.

## 1.3 Wie sieht das Gebäude eines Cybersecurity Engineering-Prozesses aus?

Das grundlegende Gebäude eines Cybersecurity Engineering Prozesses orientiert sich an der in der Praxis bewährten grundlegenden Struktur der Aktivitäten entlang des Lebenszyklus der Funktionalen Sicherheit elektronischer Steuerungssysteme für Kraftfahrzeuge (vgl. ISO 26262). Dieses grundlegende Gebäude besteht aus den drei grundlegenden Bereichen (vgl. Abb. 1.3).

- Die Organisation eines Automobilherstellers, bzw. der Zulieferer muss zur Wahrnehmung der Verantwortung für die Cybersecurity befähigt werden. Dies erfordert die Umsetzung eines *übergeordneten (projektunabhängigen) Managements der Cybersecurity.* In diesem Rahmen sind grundsätzliche Fähigkeiten und Rahmenbedingungen in der Organisation zu schaffen, die auf strukturierte Entwicklungsprozesse für elektrische und elektronische Systeme für Kraftfahrzeuge abzielen. Diese Fähigkeiten und Rahmenbedingungen sollen verhindern,

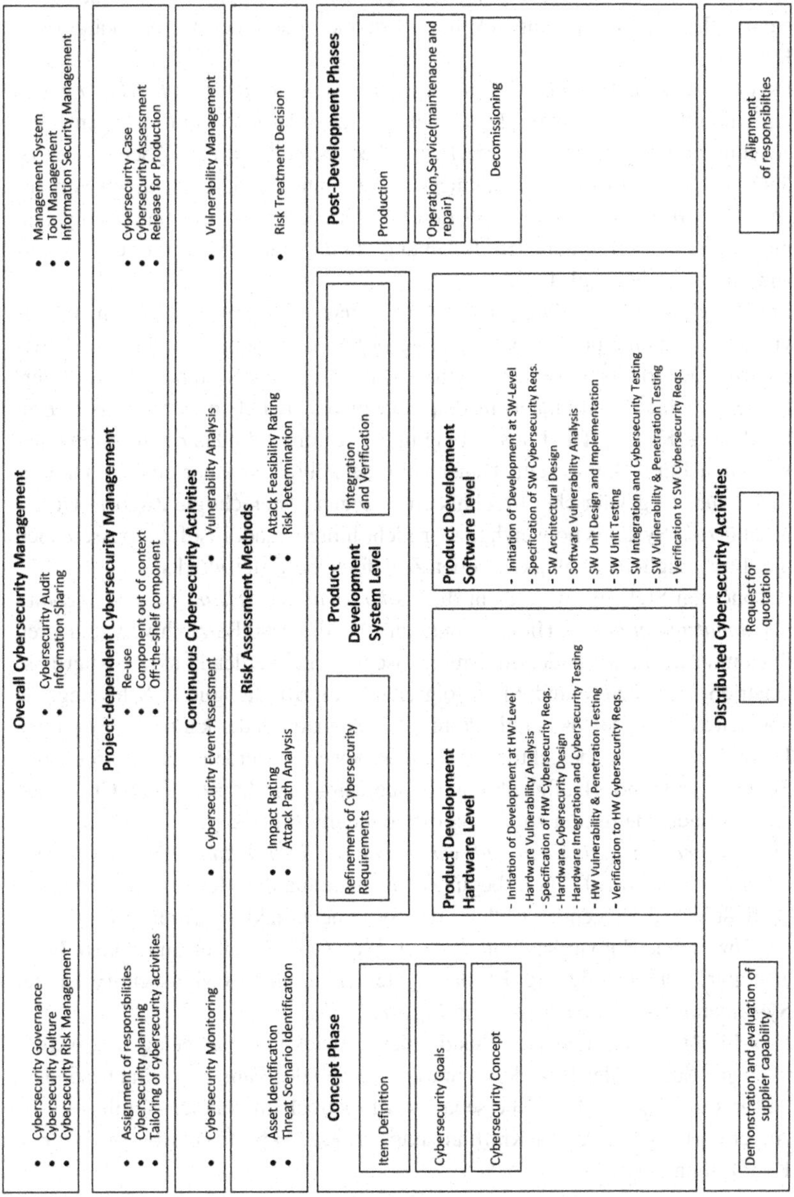

**Overall Cybersecurity Management**
- Cybersecurity Governance
- Cybersecurity Culture
- Cybersecurity Risk Management
- Cybersecurity Audit
- Information Sharing
- Management System
- Tool Management
- Information Security Management

**Project-dependent Cybersecurity Management**
- Assignment of responsibilities
- Cybersecurity planning
- Tailoring of cybersecurity activities
- Re-use
- Component out of context
- Off-the-shelf component
- Cybersecurity Case
- Cybersecurity Assessment
- Release for Production

**Continuous Cybersecurity Activities**
- Cybersecurity Monitoring
- Cybersecurity Event Assessment
- Vulnerability Analysis
- Vulnerability Management

**Risk Assessment Methods**
- Asset Identification
- Threat Scenario Identification
- Impact Rating
- Attack Path Analysis
- Attack Feasibility Rating
- Risk Determination
- Risk Treatment Decision

**Post-Development Phases**
- Production
- Operation, Service (maintenace and repair)
- Decomissioning

**Concept Phase**
- Item Definition
- Cybersecurity Goals
- Cybersecurity Concept

**Product Development System Level**
- Refinement of Cybersecurity Requirements
- Integration and Verification

**Product Development Hardware Level**
- Initiation of Development at HW-Level
- Hardware Vulnerability Analysis
- Specification of HW Cybersecurity Reqs.
- Hardware Cybersecurity Design
- Hardware Integration and Cybersecurity Testing
- HW Vulnerability & Penetration Testing
- Verification to HW Cybersecurity Reqs.

**Product Development Software Level**
- Initiation of Development at SW-Level
- Specification of SW Cybersecurity Reqs.
- SW Architectural Design
- Software Vulnerability Analysis
- SW Unit Design and Implementation
- SW Unit Testing
- SW Integration and Cybersecurity Testing
- SW Vulnerability & Penetration Testing
- Verification to SW Cybersecurity Reqs.

**Distributed Cybersecurity Activities**
- Request for quotation
- Demonstration and evaluation of supplier capability
- Alignment of responsibilities

**Abb. 1.3** Prozessgebäude des Cybersecurity Engineering für Automotivesysteme

dass über die Kompromittierung der Entwicklungsumgebung ein unzulässiger Einfluss auf die zu entwickelnde Systeme genommen werden kann (vgl. Kap. 2).

- Es ist eine *kontinuierliche Weiterentwicklung der Cyberabwehrfähigkeit* des Automobilherstellers, bzw. des Zulieferers erforderlich. Zum einen sind die ausgelieferten Systeme kontinuierliche Überwachung auf die Cybersecurity zu überwachen. Ziel ist die Erkennung von Anomalien und verdächtigen Vorgängen, die Hinweis auf eine Cyberattacke sein können. Erkannte Anomalien müssen einer unverzüglichen Behebung durch einen strukturierten Prozess zugeführt werden (vgl. Kap. 3).

- Ein *projektbezogenes Management der Cybersecurity*. Diese Managementaktivitäten haben eine projektspezifische Koordinierung sämtlicher auf die Cybersecurity sicherheitsrelevanter elektronischer Steuerungssysteme für Kraftfahrzeuge gerichtete Aktivitäten in den verschiedenen Lebenszyklusphasen zum Inhalt (vgl. Kap. 4). Die Entwicklung in der Automobilindustrie finden in einer verteilten Entwicklung statt. Daher sind die Fähigkeiten der eigenen Organisation für das gewünschte Ergebnis eines gegen unberechtigte Zugriffe Dritter geschützten Systems notwendig, aber nicht hinreichend. Insofern müssen auch die diesbezüglichen Fähigkeiten der Zulieferer bewertet werden.

- Besonderen Stellenwert verdient die *risikoorientierte Bestimmung der gebotenen Schutzmaßnahmen*. Hierbei sind zunächst die grundsätzlich verwundbaren Systembestandteile zu identifizieren. Anschließend werden konkrete Angriffsszenarien identifiziert und für erfolgreiche Angriffe mögliche Schweregrade abgeleitet. Mit der Kenntnis konkreter Angriffspfade kann die objektive Häufigkeit eines unberechtigten Zugriffs bewertet werden. Die Komponente Schweregrad und Häufigkeit eines unberechtigten Zugriffs sind Grundlage einer Strategiedefinition zur Risikobeherrschung (vgl. Kap. 5).

- Die *Engineeringaktivitäten auf verschiedenen Betrachtungsebenen (System, Hardware, Software):* Diese beginnen mit Durchlaufen der Konzeptphase. Es schließt sich die eigentliche Phase der Systementwicklung an, in der zunächst spezifizierende Entwurfsaktivitäten (vgl. Kap. 6) im Vordergrund stehen. Nach erfolgter Implementierung ist die Systemeigenschaft Cybersecurity in der Systementwicklung nachzuweisen (vgl. Kap. 7).

- Es schließt sich im Lebenszyklus die der Entwicklung nachgelagerten Aktivitäten an. Auch in der Produktion und im Betrieb des Fahrzeugs sind besondere Anforderungen an die Cybersecurity zu betrachten. Gleiches gilt für die Außerbetriebnahme eines Kraftfahrzeugs. Diese Aktivitäten werden daher in Kap. 8 thematisiert.

Selbstverständlich sind auch für die Cybersecurity – wie für die Funktionale Sicherheit auch – weitere unterstützende Aktivitäten erforderlich, die in gewisser Hinsicht das Bindeglied zwischen den verschiedenen Lebenszyklusphasen darstellen. Beispielhaft sind hier Prozesse wie das Konfigurationsmanagement, die Dokumentenlenkung sowie die strukturierte Erfassung und Verfolgung von Anforderungen zu nennen. Da diese Querschnittsaktivitäten des Cybersecurity Engineering mit denen der Funktionalen Sicherheit vergleichbar sind, werden diese in diesem *essential* nicht vertieft diskutiert.

# Übergeordnetes (projektunabhängiges) Management der Cybersecurity

Das Management der Cybersecurity ist für die Beschreibung von Entwicklungsprozessen und der Methodenauswahl für das Cybersecurity Engineering im gesamten Unternehmen verantwortlich. Es wirkt am Aufbau der für die Entwicklung angriffssicherer elektronischer Steuerungssysteme erforderlichen Kompetenzen in der Organisation mit und wirkt aktiv auf die Unternehmenskultur ein. Die erforderlichen Kompetenzen sind in der Regel in den Managementsystemen verkörpert und unterliegen durch diese einem kontinuierlichen Verbesserungsprozess und einer externen Überprüfung (Audit).

## 2.1 Cybersecurity als Element der Unternehmenskultur

Den Entwurfsansätzen für die Funktionale Sicherheit (vgl. ISO 26262) und der Cybersecurity ist gemein, dass Sie wohl definierte Prozesse voraussetzen (vgl. Abschn. 1.2). Wohl definierte Prozesse wiederum setzen voraus, dass diese von entsprechend qualifizierten Personen realisiert werden. Das Verhalten der Personen wird jedoch wesentlich durch ihr soziales und organisatorisches Umfeld bestimmt, was auch für die Gestaltung der Cybersecurity sicherheitsrelevanter elektronischer Steuerungssysteme für Kraftfahrzeuge Aspekte der Unternehmenskultur in den Vordergrund rückt. Tab. 2.1 stellt – in Analogie zu den Merkmalen einer guten Sicherheitskultur gemäß ISO 26262-2 – Beispiele einer guten und einer schlechten Cybersecurity-Kultur einander vergleichend gegenüber.

**Tab. 2.1**  Aspekte einer Cybersecuritykultur

| Hinweise für eine schwach ausgeprägte Cybersecurity-Kultur | Hinweise für eine stark ausgeprägte Cybersecurity-Kultur |
|---|---|
| Die Aspekte Kosten und Zeit werden in Projekten gegenüber der Cybersecurity stets priorisiert | Cybersecurity hat eine hohe Priorität in der Organisation |
| Reaktiver Ansatz, bei dem Maßnahmen nur dann ergriffen werden, wenn Fremdzugriffe im Feld auftreten | Proaktiver Ansatz, bei dem die Organisation stets das Ziel verfolgt möglichen Angreifern einen Schritt voraus zu sein |
| Es bestehen keinerlei definierte Prozesse für die strukturierte Umsetzung der Cybersecurity. Erfahrungen aus der Vergangenheit werden nicht als Chance zur Verbesserung der Methoden und Vorgehensweisen gesehen | Etablieren eines definierten und nachvollziehbaren Entwurfsprozesses für das Cybersecurity-Engineering. Die strukturierte Umsetzung der Cybersecurity unterliegt einer kontinuierlichen Verbesserung auf der Grundlage gesammelter praktischer Erfahrungen |
| Die erforderlichen Ressourcen für die Umsetzung von Cybesecurity-Maßnahmen werden nicht zeitgerecht bereitgestellt und verfügen nicht über eine ausreichende Kompetenz zur Umsetzung der Maßnahmen des Zugriffsschutzes für sicherheitsrelevante elektronische Steuerngssysteme für Kraftfahrzeuge | Die erforderlichen Ressourcen für die Umsetzung von Cybersecurity-Maßnahmen werden zeitgerecht bereitgestellt. Dies gilt insbesondere für qualifiziertes Personal, welches die auf die Cybersecurity bezogenen Aktivitäten im Lebenszyklus des betrachteten sicherheitsrelevanten elektronischen Steuerungssystems umsetzt |
| Für die Umsetzung der Cybersecurity im Entwurfsprozess existiert keine klar verortete Verantwortung. Personen, welche auf die Umsetzung der Cybersecurity hinwirken werden unzulässigerweise in der Ausübung ihrer Tätigkeiten beeinflusst | Es gibt eine klar definierte Rolle, welche die Themen der Cybersecurity in der Produktentwicklung verantwortet. Diese Rolle verfügt über einen angemessenen Grad an Unabhängigkeit im Engineeringprozess |

## 2.2  Informationssicherheitsmanagementsystem

Ein Information Security Management System (ISMS, engl. für „Managementsystem für Informationssicherheit") ist die Aufstellung von Verfahren und Regeln innerhalb einer Organisation, die dazu dienen, die Informationssicherheit dauerhaft zu definieren, zu steuern, zu kontrollieren, aufrechtzuerhalten und fortlaufend zu verbessern (DIN EN ISO/IEC 27001). In der Praxis lassen sich die Eigenschaften und Ziele eines ISMS wie folgt definieren:

- *Verankerung in der Organisation:* Die Verantwortlichkeiten und Befugnisse für den Informationssicherheitsprozess werden vom obersten Management eindeutig und widerspruchsfrei zugewiesen. Insbesondere wird ein Mitarbeiter bestimmt, der umfassend verantwortlich für das Informationssicherheitsmanagementsystem ist (in der Regel der Informationssicherheitsbeauftragte).
- *Verbindliche Ziele:* Die durch den Informationssicherheitsprozess zu erreichenden Ziele werden durch das Topmanagement vorgegeben.
- *Richtlinien:* Verabschiedung von Sicherheitsrichtlinien (Security Policy), die den sicheren Umgang mit der IT-Infrastruktur und den Informationen definieren. Hierfür ist das oberste Management verantwortlich.
- *Personalmanagement:* Bei Einstellung, Einarbeitung sowie Beendigung oder Wechsel der Anstellung von Mitarbeitern werden die Anforderungen der Informationssicherheit konsequent mit berücksichtigt.
- *Aktualität des Wissens:* Es wird sichergestellt, dass das Unternehmen über aktuelles Wissen in Bezug auf Informationssicherheit verfügt.
- *Qualifikation und Fortbildung:* Es wird sichergestellt, dass das Personal seine Verantwortlichkeiten versteht und es für seine Aufgaben geeignet und qualifiziert ist.
- *Adaptive Sicherheit:* Das angestrebte Niveau der Informationssicherheit wird definiert, umgesetzt und fortlaufend an die aktuellen Bedürfnisse sowie die Gefährdungslage angepasst (kontinuierlicher Verbesserungsprozess).
- *Vorbereitung:* Das Unternehmen ist auf Störungen, Ausfälle und Sicherheitsvorfälle in der elektronischen Datenverarbeitung vorbereitet.

Die Zertifizierung erfolgreich eingeführter Informationssicherheitsmanagementsysteme richtet sich nach den Vorgaben der DIN EN ISO/IEC 27001.

# Kontinuierliche Weiterentwicklung der Cyberabwehrfähigkeit

**3**

Cyberabwehr oder Cyberverteidigung sind zunächst einmal defensive Maßnahmen zum Schutz vor Cyberangriffen und zur Erhöhung der Cybersecurity. Der Begriff proaktive Cyberabwehr betont dabei das aktive Durchführen schützender Maßnahmen, die in Antizipation von Cyberattacken getroffen werden. Ein Unternehmen der Automobilindustrie, welches elektronische Produkte in Verkehr bringen muss seine Fähigkeiten zur wirksamen Cyberabwehr zukünftig kontinuierlich weiterentwickeln.

## 3.1 Kontinuierliche Überwachung der Cybersecurity von IT-Systemen

Die Überwachung der Cybersecurity sammelt Informationen über potenzielle Bedrohungen, Schwachstellen und mögliche Abhilfemaßnahmen für die sicherheitsrelevanten Steuerungssysteme, um bekannte Probleme zu vermeiden und neuen Bedrohungen zu begegnen. Diese Überwachung dient als Grundlage für das Schwachstellenmanagement und die Reaktion auf Cybersecurity-Vorfälle. Ausgangspunkt der Aktivitäten ist eine Kenntnis der Konfiguration der Produkte im Feld bezüglich der in ihnen eingesetzten Schutzmechanismen in Bezug auf die Cybersecurity. Für die Überwachung werden interne und externe Informationen ausgewertet:

- *Externe Informationsquellen* in Bezug auf die Cybersecurity sind beispielsweise Forschende, kommerzielle Dienste, Auswertung von Informationen von Zulieferern der Organisation (Lieferkette), Kunden der Organisation oder aber staatliche Quellen (wie bspw. Aufsichtsbehörden).

© Der/die Autor(en), exklusiv lizenziert an Springer-Verlag GmbH, DE, ein Teil von Springer Nature 2023
L. Schnieder, *Leitfaden Automotive Cybersecurity Engineering*, essentials,
https://doi.org/10.1007/978-3-662-67333-1_3

- *Interne Informationsquellen* in Bezug auf die Cybersecurity sind beispielsweise Ergebnisse von Schwachstellenanalysen, Konfigurationsinformationen (bspw. Hardware- oder Software-Stücklisten) oder aber Berichte über Auffälligkeiten im Betrieb (bspw. Reparaturinformationen oder Informationen von Kunden).

Die erhaltenen Informationen müssen bewertet werden, um festzustellen, ob hier ein Sicherheitsvorfall vorliegt, der einer systematischen Behandlung bedarf. Kriterien hierfür sind beispielsweise die Herkunft der Information von einer vertrauenswürdigen Quelle oder aber das mit einer Bedrohung verbundene Risiko.

## 3.2   Behandlung von Sicherheitsvorfällen

Um Schäden zu begrenzen und um weitere Schäden zu vermeiden, müssen erkannte Sicherheitsvorfälle schnell und effizient bearbeitet werden. Dafür ist es notwendig, ein vorgegebenes und erprobtes Verfahren zur Behandlung von Sicherheitsvorfällen zu etablieren. Wenn für den Umgang mit Sicherheitsvorfällen keine geeignete Vorgehensweise vorgegeben ist, kann dies massive Auswirkungen auf die Organisation haben:

- In Eile und unter Stress können falsche Entscheidungen getroffen werden. Diese Entscheidungen können z. B. dazu führen, dass die Presse falsch informiert wird, was zu massiven Auswirkungen auf die Reputation der Organisation führt.
- Durch falsche Entscheidungen können Dritte durch die eigenen kompromittierten sicherheitsrelevanten elektronischen Systeme geschädigt werden und zu einem späteren Zeitpunkt im Rahmen eines Rechtsverfahrens Schadenersatz fordern.
- Wenn nach einem Sicherheitsvorfall unvorsichtig oder nicht nach Vorgaben gehandelt wird, kann das dazu führen, dass wichtige Beweisspuren für die Aufklärung oder die spätere juristische Verfolgung unbeabsichtigt zerstört oder nicht gerichtsverwertbar gemacht werden.

Um die zuvor genannten Punkte zu vermeiden, ist in der Organisation sicherzustellen, dass eine klare Definition eines Sicherheitsvorfalls existiert, dass Leitlinien zur Behandlung von Sicherheitsvorfällen bestehen, dass Verantwortlichkeiten und Ansprechpartner bei Sicherheitsvorfällen festgelegt sind und dass die erkannten Sicherheitsvorfälle in angemessener Zeit behoben werden.

## 3.3 Schwachstellenanalyse

Im Rahmen der Schwachstellenanalyse wird zunächst die *Relevanz der Schwachstelle* für das jeweilige Betrachtungsobjekt durch eine Analyse der Architektur oder durch die Durchführung einer Analyse möglicher Angriffspfade bewertet. Im weiteren Verlauf der Schwachstellenanalyse erfolgt dann eine Analyse der grundlegenden Ursachen (englisch: root cause analysis). Auf diese Weise soll systematisch ermittelt werden, an welcher Stelle im Entwicklungsprozess die Schwachstelle ihren Ursprung hat. Die Analyse der grundlegenden Ursachen umfasst auch eine Betrachtung möglicher Methoden zur Ausnutzung der Schwachstelle, um hierdurch die Schutzziele der Cybersecurity zu verletzen.

Die folgende unvollständige Aufzählung zeigt, dass Schwachstellen unterschiedlicher Natur sein können. So können Schwachstellen beispielsweise durch menschliche Fehler oder Irrtümer während der Konzeption oder Entwicklung verursacht werden:

- fehlende Anforderungen oder Spezifikationen in Bezug auf die Cybersecurity des Betrachtungsobjekts
- Schwächen in der Architektur oder im Entwurf, einschließlich des fehlerhaften Entwurfs von Schutzmechanismen gegen unberechtigte Zugriffe Dritter.
- Implementierungsschwächen, einschließlich Hardware- und Softwarefehler sowie eine fehlerhafte Implementierung von Schutzmechanismen gegen unberechtigte Zugriffe Dritter
- Schwächen in Abläufen und Verfahren im Betrieb des Kraftfahrzeugs. Dies schließt den Missbrauch und eine unzureichende Schulung der Benutzer in Bezug auf ihre erforderliche Mitwirkung an dem Schutz des Kraftfahrzeugs gegen unberechtigte Zugriffe Dritter ausdrücklich mit ein.
- Verwendung veralteter Schutzmechanismen wie beispielsweise unzureichende oder nicht mehr aktuelle (d. h. den technischen Möglichkeiten der Angreifer nicht mehr ausreichend Widerstand bietende) kryptographische Algorithmen.

## 3.4 Schwachstellenbehandlung

Für erkannte Schwachstellen muss nachweislich gezeigt werden, dass das mit der Schwachstelle korrespondierende Risiko angemessen behandelt wurde. Nachweise sind einerseits Verifikationen, dass die Schwachstelle beseitigt wurde. Ein Nachweis ist andererseits aber auch eine dokumentierte Risikobeurteilung (Risikoidentifikation, Risikoanalyse und Risikobewertung) mit daraus abgeleiteter

Strategie zur Risikobewältigung (bspw. Risikominderung oder gar Risikoakzeptanz). Wenn die Risikobehandlung zu einer Änderung einer Komponente führt, muss ein strukturiertes Änderungsverfahren durchgeführt werden. Sollten in Folge einer Schwachstelle Informationen zur Cybersecurity vorliegen, welche die bisherige Begründung zur erfolgreichen Bewältigung eines Risikos aus der Schwachstelle entkräften, müssen die bislang getroffenen Maßnahmen auf den Prüfstand gestellt werden. Anschließend muss eine risikobasierte Entscheidung zur weiteren Vorgehensweise getroffen werden.

# Projektbezogenes Management der Cybersecurity

# 4

Auch das konkrete Entwicklungsprojekt benötigt ein auf die spezifischen Belange zugeschnittenes Management der Cybersecurity. Für das Projekt sind die auf die Cybersecurity bezogenen Maßnahmen zu planen, wobei hier das Hauptaugenmerk neben einer verbindlichen Festlegung von Rollen und Verantwortlichkeiten auch auf dem bedarfsgerechten Zuschneiden der Entwicklungsaktivitäten liegt (Abschn. 4.1). Beim Zuschneiden wird vor allem zu betrachten sein, inwieweit es zu einer Wiederverwendung von Komponenten kommt (Abschn. 4.2). Letztlich muss auch der Nachweis geführt werden, dass die Belange der Cybersicherheit im konkreten Entwicklungsprojekt angemessen und korrekt berücksichtigt wurden. Dies ist Gegenstand einer unabhängigen sachverständigen Beurteilung (Abschn. 4.3).

## 4.1 Planung auf die Cybersecurity bezogener Maßnahmen

*Verbindliche Festlegung von Verantwortlichkeiten innerhalb der eigenen Organisation:* Die Zuständigkeiten für die Cybersecurityaktivitäten des Projekts sind innerhalb der Organisation zuzuweisen und in geeigneter Form zu kommunizieren. Die Zuständigkeiten für Cybersecurity-Aktivitäten können übertragen werden, sofern dies kommuniziert wird und eine Übergabe der relevanten Informationen erfolgt.

*Planung der Aktivitäten in Bezug auf die Cybersecurity:* Zu Beginn eines Entwicklungsprojekts wird eine Analyse durchgeführt, um festzustellen, ob die zu entwickelnde Komponente für die Cybersecurity relevant ist. Wenn die zu entwickelnde Komponente als nicht cybersecurityrelevant eingestuft wird, gibt es keine weiteren in Bezug auf die Cybersecurity zu berücksichtigenden Aktivitäten

L. Schnieder, *Leitfaden Automotive Cybersecurity Engineering*, essentials, https://doi.org/10.1007/978-3-662-67333-1_4

im Entwurf. Eine Planung der auf die Cybersecurity ausgerichteten Aktivitäten ist somit nicht erforderlich. Bei geänderten Komponenten ergeben sich die hinsichtlich der Cybersecurity zu durchlaufenden Aktivitäten aus dem Umfang der Änderung. Innerhalb der Organisation ist eine klare Verantwortlichkeit für die Pflege des Cybersecurityplans und für die Verfolgung des Fortschritts in Bezug auf die für die Absicherung der Cybersecurity erforderlichen Aktivitäten festzulegen. Zentrales Dokument in dem die Planung verkörpert ist, ist der Cybersecurityplan des Projekts, der die die Aktivitäten beschreibt, die erforderlich sind, um ein ausreichend gegen unberechtigte Zugriffe Dritter geschütztes System zu entwickelnd. Der Cybersecurityplan kann während der Entwicklung und Integration schrittweise verfeinert werden und wird fortlaufend an sich möglicherweise verändernde Randbedingungen angepasst. Der Cybersecurityplan enthält in der Regel die folgenden Angaben:

- das Ziel einer auf die Cybersecurity zielende Tätigkeit;
- die Abhängigkeiten der auf die Cybersecurity zielende Tätigkeiten von anderen Tätigkeiten oder Informationen;
- die für die Durchführung einer auf die Cybersecurity zielende Tätigkeit verantwortliche Person
- die erforderlichen Ressourcen für die Durchführung einer auf die Cybersecurity bezogene Tätigkeit;
- der Anfangs- bzw. Endpunkt und die voraussichtliche Dauer; und
- die Identifizierung der auf die Cybersecurity bezogenen Arbeitsprodukte.

*Zuschneidung des Entwicklungsprozesses („Tailoring"):* Die in einem Projekt durchzuführenden auf die Cybersecurity zielenden Aktivitäten können auf die spezifischen Bedürfnisse des Projekts zugeschnitten werden. Zuschneidung auf die spezifischen Bedürfnisse des Projekts („Tailoring") bedeutet, dass Aktivitäten ausgelassen oder auf eine andere Art und Weise durchgeführt werden dürfen, als in den internationalen Normen beschrieben (vgl. ISO/SAE 21434 oder SAE J 3061). Tätigkeiten, die von einer anderen Organisation in der Lieferkette durchgeführt werden, werden hier nicht betrachtet, da hier gesonderte Anforderungen zu berücksichtigen sind (vgl. Abschn. 4.4). Wenn eine auf die Cybersicherheit ausgerichtete Aktivität zugeschnitten wurde, ist eine Begründung vorzulegen, aus welcher hervorgeht, warum die Zuschneidung angemessen und ausreichend ist, um die relevanten Ziele in Bezug auf die Cybersicherheit der zu entwickelnden Komponente dennoch zu erreichen.

## 4.2   Wiederverwendbarkeit von Komponenten

Aus wirtschaftlichen Gründen sollen Komponenten nicht nur im Rahmen eines einzigen Projektes eingesetzt werden können, für welches sie ursprünglich einmal entwickelt wurden. Dies spart nicht nur Kosten, sondern verkürzt auch die für die Entwicklung erforderliche Zeit („time to market"). Die mehrfache Verwendung von Komponenten muss jedoch im Vorfeld sorgfältig geprüft werden. Hierfür gibt es verschiedene Ansatzpunkte:

- *Wiederverwendung:* Die Wiederverwendung einer Komponente erfordert eine Analyse, ob hier relevante Änderungen zu berücksichtigen sind, welche eine substanzielle Anpassung von Entwicklungsergebnissen erfordern (bspw. Anforderungen, gewählte Architektur, umgesetzte Schutzmechanismen gegen unberechtigte Zugriffe Dritter). Konkret können bei einer angestrebten Wiederverwendung veränderte Umweltbedingungen (bspw. Veränderungen von Nachbarkomponenten zu denen eine Schnittstelle besteht oder veränderte Einsatzbedingungen), Veränderungen im Entwurf (bspw. erweiterter Funktionsumfang) oder Veränderungen in der konkreten Umsetzung (bspw. Softwarekorrektur) vorliegen.
- *Entwicklung und Einsatz generischer (anwendungsunabhängiger) Produkte* („component out of context"): Es gibt Produkte, die generisches Produkt (d. h. nicht im Hinblick auf eine konkrete Anwendung) am Markt bereitgestellt werden. In diesem Fall sind die in der Entwicklung getroffenen Annahmen über den Verwendungszweck und die externen Schnittstellen zu dokumentieren. Aus den getroffenen Annahmen werden auch Cybersecurityanforderungen abgeleitet und in der Entwicklung berücksichtigt. Bei der Integration einer generischen (anwendungsunabhängigen) Komponente in eine konkrete Anwendung ist zu prüfen, ob die dokumentierten Annahmen der anwendungsunabhängigen Komponente korrekt in der Entwicklung der konkreten Anwendung berücksichtigt wurden.
- *Einsatz von handelsüblichen Komponenten* („off the shelf components"): Bei der Integration einer handelsüblichen Komponente ist festzustellen, ob die dieser Komponente im Systementwurf zugewiesenen Cybersecurityanforderungen erfüllt werden können und die handelsübliche Komponente für den spezifischen Anwendungskontext auch tatsächlich geeignet ist. Außerdem muss die handelsübliche Komponente über eine ausreichende Dokumentation – bspw. in Bezug auf bestehende Schwachstellen verfügen.

## 4.3     Nachweisführung und sachverständige Beurteilung

Als letztes Dokumentationsartefakt im Entwicklungsprozess wird ein Nachweis-dokument erstellt (Cybersecurity Case). Dieses Dokument bündelt alle Nachweise dafür, dass das betrachtete System die für das angestrebte Schutzniveau gegen unberechtigte Zugriffe Dritter auf sicherheitsrelevante elektronische Steuerungs-systeme erforderlichen Maßnahmen korrekt umsetzt. Dieses Nachweisdokument ist Grundlage einer sachverständigen Beurteilung. Damit diese Begutachtung maximal wirksam ist, muss diese unabhängig erfolgen. Darüber hinaus sollte die Beurteilung entwicklungsbegleitend erfolgen, damit bei bekannten Abweichun-gen frühzeitig und nicht erst am Ende der Entwicklung effektiv gegengesteuert werden kann.

### 4.3.1     Unabhängigkeit der Konformitätsbewertung

Die Unabhängigkeit der Beurteilung des Cybersecurity Case bedeutet, dass die Assessoren frei von jeglichen wahrgenommenen oder tatsächlichen Konflikten oder Interessen hinsichtlich der Entwicklung des Begutachtungsobjekts sind. Um die Unabhängigkeit zu wahren, sollten die Assessoren nach DIN EN ISO/IEC 17020:

- keine gemeinsamen oder gegensätzlichen Interessen zur auftraggebenden Organisation verfolgen,
- nicht ihre eigenen Arbeitsergebnisse begutachten,
- nicht im Management oder als Angestellter der auftraggebenden Organisation tätig sein, d. h. organisatorisch unabhängig sein und
- sich nicht als Vertreter der Interessen der auftraggebenden Organisation verstehen.

Cybersecurity Assessments können von unabhängigen Stellen durchgeführt wer-den (Ernsthaler et al. 2007). Durch die Akkreditierung wird neben der Unabhän-gigkeit der Stelle von Auftraggeberinteressen unter anderem auch die Kompetenz und die qualitätsgerechte Durchführung von Begutachtungen von unabhängi-gen Dritten (der Akkreditierungsstelle) in einem formalen Verfahren geprüft und bestätigt (Röhl 2000).

## 4.3.2 Entwicklungsbegleitender Ansatz der Konformitätsbewertung

Der Ansatz eines Cybersecurity Assessments ist entwicklungsbegleitend und wird regelmäßig mit fortschreitender Entwicklung aktualisiert und ergänzt, zuletzt am Ende der Produktions-, Betriebs- und Servicephase. Der Cybersecurity Case als strukturierter Nachweis der Beherrschung der zuvor identifizierten Bedrohungen ist hierbei das zentrale Dokument. Am Ende der Systementwicklung dokumentiert der Cybersecurity Case, dass die Cybersecurity-Ziele, welche zu Beginn der Bedrohungs- und Risikoanalyse (TARA) identifiziert wurden durch angemessene Schutzmaßnahmen auch tatsächlich erreicht werden.

Das *erste Cybersecurity Assessment (Initial Cybersecurity Assessment)* erfolgt zum Abschluss der Konzeptphase. Hierbei werden die folgenden Aspekte des Systementwurfs überprüft:

- Sind die Ergebnisse der Bedrohungs- und Risikoanalyse plausibel?
- Ist jeder identifizierten Bedrohung mindestens ein Cybersecurity-Ziel zugeordnet worden?
- Enthält das Funktionale Cybersecurity-Konzept Strategien, den identifizierten Bedrohungen wirksam zu begegnen und hierdurch die Cybersecurity-Ziele zu erfüllen?

*Fortschreibungen* des ersten Cybersecurity Assessments (*Update of Cybersecurity Assessment/Refinement of Cybersecurity Assessment*) erfolgen jeweils in der Produktentwicklung auf System-, Hardware- und Softwareebene. Hierbei kommt einer strukturierten Bearbeitung und gutachterlichen Bewertung erkannter offener Punkte in der Systementwicklung eine große Bedeutung zu (vgl. Abb. 4.1). Hierbei gilt folgendes bezüglich der Behandlung offener Punkte:

- *Schließen offener Punkte:* Konnten in der Systementwicklung durch Umsetzung von Schutzmechanismen zuvor aufgeworfene offene Punkte vom Hersteller des betrachteten Systems gelöst werden, wird dies mit einem erläuternden Kommentar nachvollziehbar dokumentiert. Der Gutachter kann dann diesen Punkt im nächsten Update des Cybersecurity Assessments schließen, nachdem er die fachliche Begründung nachvollzogen hat.
- *Vorläufiges Schließen offener Punkte:* Offene Punkte, deren Risiko zu diesem Zeitpunkt der Entwicklung als akzeptabel eingeschätzt wird, können vorläufig geschlossen werden. Voraussetzung hierfür ist, dass vom Entwickler eine nachvollziehbare Begründung für die Risikoakzeptanz gegeben wird.

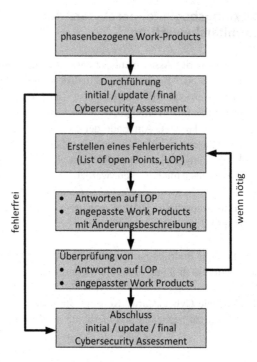

**Abb. 4.1** Vorgehensweise der entwicklungsbegleitenden Cybersecurity Assessments

Vorläufig geschlossene Punkte werden in einem späteren Cybersecurity Assessment vom Gutachter nicht mehr betrachtet, es sei denn, dass zu einem späteren Zeitpunkt Informationen vorliegen, welche die Begründung zur Risikoakzeptanz in Zweifel ziehen.

- *Aufwerfen neuer offener Punkte:* Werden in der Entwicklung von System, Hard- und Software neue offene Punkte identifiziert, werden diese ebenfalls einem Cybersecurity Assessment unterzogen. Die offenen Punkte können entweder vom Hersteller des betrachteten Systems selbst im Zuge der Systementwicklung erkannt werden (im Sinne eines „handling of security anomalies") oder werden vom Gutachter selbst im Zuge seiner vertieften Auseinandersetzung mit den Arbeitsergebnissen des Cybersecurity Engineerings aufgeworfen. Sofern schon Ansätze bekannt sind, wie die offenen Punkte in späteren Entwicklungsschritten gelöst werden können, können diese als Empfehlung in der Darstellung des offenen Punktes vermerkt werden.

- *Exportieren offener Punkte*: Können die offenen Punkte in der betroffenen Entwicklungsphase nicht geschlossen werden, müssen diese an die nachfolgende Entwicklungsphase (beispielsweise von der Konzeptphase an die Spezifikation des Produktes auf Systemebene) weitergereicht werden. Sie werden dann zu einem späteren Zeitpunkt in einer weiteren Fortschreibung des Cybersecurity Assessments, bzw. im abschließend Cybersecurity Assessment betrachtet. Wird ein Produkt erst zu einem späteren Zeitpunkt in ein Fahrzeug integriert, kann gegebenenfalls auch erst der Integrator etwaige auf den effektiven Angriffsschutz bezogene Anwendungsregeln umsetzen.

Ein *abschließendes Cybersecurity Assessment* bewertet, inwieweit die Cybersecurity-Anforderungen in der Systementwicklung umgesetzt werden. Außerdem werden die letzten noch offenen Punkte vorhergehender Cybersecurity Assessments (Updates/Refinements) betrachtet. Für Feststellungen und Empfehlungen aus dem Assessment heraus wird ein Umsetzungsplan mit verbindlichen Meilensteinen dokumentiert. Das entwickelte System darf erst dann die Fertigungsfreigabe erhalten, wenn entweder alle offenen Punkte geschlossen sind oder zumindest vorübergehend geschlossen sind. Für den letzteren Fall ist dem Gutachter jedoch eine adäquate und nachvollziehbare Begründung zur Tolerierbarkeit des hieraus resultierenden Risikos vorzulegen.

## 4.4 Management der Cybersecurity in einer verteilten Entwicklung

Für die Umsetzung komplexer Systeme greifen die Automobilhersteller auf Zulieferungen externer Lieferanten zurück. Hierbei müssen auch Eigenschaften der zugelieferten Produkte die Anforderungen der Cybersicherheit erfüllen. Außerdem muss die Organisation des Zulieferers die grundsätzliche Befähigung haben, zu Entwicklung einer gegen unberechtigte Zugriffe Dritter gehärteten Komponente in der Lage zu sein. Die in Bezug auf das Management der Cybersecurity in einer verteilten Entwicklung zu betrachtenden Aspekte werden nachfolgend umrissen:

- *Durchführung einer Lieferantenbewertung in Bezug auf die Cybersecurity:* Um die Fähigkeiten eines Lieferanten zu bewerten, Schutzmaßnahmen bezüglich der Cybersecurity umzusetzen, muss dieser Nachweise seiner Fähigkeiten vorlegen. Diese Nachweise beziehen sich beispielsweise auf praktizierte und bewährte Verfahren zur Umsetzung der Cybersecurity im Rahmen der

Entwicklung, in Bezug auf die der Entwicklung nachgelagerte Aktivitäten sowie dem Bereich des Informationssicherheitsmanagementsystems seiner Organisation). Konkrete Belege hierfür sind dokumentierte Durchführungen organisationsinterner Audits, bzw. auch Zertifikate des vorhandenen Informationsssicherheitsmanagementsystems.

- *Angebotsanfrage:* Falls eine verteilte Entwicklung auch die Berücksichtigung von Aspekten der Cybersecurity erfordert, müssen dies hierfür geltenden Anforderungen in dem Zulieferer in der Angebotsanfrage übermittelt werden. Grundlegende Anforderung ist hierbei die Verpflichtung des Zulieferers zur Einhaltung einschlägiger Normen und Standards (bspw. ISO 21434). Gleichzeitig werden dem Lieferanten die Cybersecurityziele und konkrete (technische) Anforderungen in Bezug auf die Cybersecurity übergeben.

- *Festlegung der Verantwortlichkeiten in der verteilten Entwicklung:* Der Auftraggeber und der Zulieferer definieren die organisatorische Schnittstelle im Rahmen der verteilten Entwicklung.

    - Festlegung von Ansprechpartnern auf beiden Seiten.

    - Festlegung von Verantwortlichkeiten für die zur Erreichung der Cybersecurity durchzuführenden Aktivitäten. Hierbei wird die federführende Verantwortung jeweils einem Partner zugewiesen. Dies Aufstellung erfolgt in der Regel tabellarisch. Hierbei wird zugewiesen, welche Person für eine Aufgabe verantwortlich ist (responsible), welche Person welche über das Ergebnis entscheidet (accountable), welche Person bei der Durchführung der Aufgabe unterstützt (supporting), welche Person über das Ergebnis informiert wird (informed) und welche Person zu Rate gezogen wird (consulted).

    - die gemeinsam zu nutzenden Informationen und Arbeitsprodukte, einschließlich Verteilung, Überprüfungen und Feedback-Mechanismen im Falle eines Sicherheitsvorfalls

    - die angestrebten Meilensteine hinsichtlich der Cybersecurityaktivitäten des Kunden und des Lieferanten

    - im Lebenszyklus auch die Definition eines Zeitpunktes für das Ende der Unterstützung der Cybersecurity der Komponente im Rahmen der Entwicklung nachgelagerter Aktivitäten.

# Risikoorientierte Bestimmung der gebotenen Schutzmaßnahmen

# 5

Den Aktivitäten in der Systementwicklung liegt auch in Bezug auf die Cybersecurity ein risikoorientierter Ansatz zugrunde. Die Risikobeurteilung umfasst den systematischen, iterativen und kollaborativen Prozess der Risikoidentifikation, Risikoanalyse und Risikobewertung unter Verwendung der Kenntnisse über die Systemarchitektur. Hierbei ist es das grundlegende Ziel, einen angemessenen Umfang an Schutzmaßnahmen zu definieren (so wenig wie möglich, so viel wie nötig).

## 5.1 Identifikation von Schadensszenarien

Ein *Schadensszenario* ist hierbei eine nachteilige Folge oder ein unerwünschtes Ergebnis aufgrund der Kompromittierung einer Cybersecurityeigenschaft (oder mehrerer Eigenschaften) eines Vermögenswerts. Ein *Vermögenswert (Assets)* ist etwas, bei dem die Beeinträchtigung seiner Cybersecurityeigenschaften zu einem Schaden für einen Stakeholder führen kann. Eine *Cybersecurityeigenschaft* ist eine Eigenschaft eines Assets. Hier werden vereinfachend drei Cybersecurityeigenschaften beschrieben:

- *Verfügbarkeit:* Wahrscheinlichkeit, dass die betrachtete Komponente des Kraftfahrzeugs die an sie gestellten Anforderungen zu einem bestimmten Zeitpunkt, bzw. innerhalb des vereinbarten Zeitraums erfüllt.
- *Integrität:* Eigenschaft der Korrektheit (Unversehrtheit) von Daten und der korrekten Funktionsweise der betrachteten Komponente des Kraftfahrzeugs. Wird dieses Schutzziel bei sicherheitsrelevanten Steuerungssystemen verletzt, kann dies zu ernsthaften Sach- und Personenschäden führen.

- *Vertraulichkeit:* Eigenschaft einer Information, nur für einen beschränkten Empfängerkreis vorgesehen zu sein. Weitergabe und Veröffentlichung dieser Information sind nicht erwünscht.

Die folgenden zwei Beispiele beschreiben mögliche Schadensszenarien:

- **Beispiel:** Der Vermögenswert ist ein personenbezogenes Datum (beispielsweise persönliche Vorlieben des Kunden), welches in einem Infotainment-System gespeichert ist. Die relevante Cybersicherheitseigenschaft ist *Vertraulichkeit.* Das Schadensszenario ist die Offenlegung des personenbezogenen Datums ohne die vorherige Zustimmung des Kunden, die aus dem Verlust der Vertraulichkeit der Information resultiert.
- **Beispiel:** Der Vermögenswert sind die von der Bremsfunktion empfangenen über den CAN-Bus empfangenen Nachrichten. Die relevante Cybersicherheitseigenschaft ist die *Integrität.* Das Schadensszenario ist eine unbeabsichtigte Vollbremsung, wenn das Fahrzeug mit hoher Geschwindigkeit fährt, die aus dem Verlust der Integrität der Datenübertragung des CAN-Busses resultiert.

## 5.2    Schadensschwere der Schadensszenarien

Die Bewertung der Schadensschwere erfolgt anhand vorgegebener Kategorien. Nachfolgend werden die Schadenskategorien Sicherheit, finanzieller Schaden, betrieblicher Schaden sowie Schädigungen der Privatsphäre näher beschrieben.

- *Schadenskategorie „Safety" (S):* Gewährleistung der funktionalen Sicherheit der Fahrzeuginsassen und anderer Verkehrsteilnehmer. Die Beurteilung des Schweregrads hinsichtlich der Sicherheit erfolgt in vier Kategorien: gar keine Verletzungen (S0), leichte Verletzungen (S1), schwere und lebensbedrohliche Verletzungen (S2) sowie tödliche Verletzungen (S3).
- *Schadenskategorie „Financial" (F):* Verhinderung von betrügerischen Handelsgeschäften und Diebstahl von Fahrzeugen; in einem weiteren Verständnis können hierüber auch wirtschaftliche Schäden für die Fahrzeughersteller und Zulieferunternehmen subsummiert werden. Die Beurteilung des Schweregrades hinsichtlich finanzieller Auswirkungen erfolgt in vier Kategorien: vernachlässigbare wirtschaftliche Konsequenzen für den Betroffenen (F0), der Betroffene kann unangenehme wirtschaftliche Konsequenzen mit begrenzten Mitteln bewältigen (F1), der Betroffene kann erhebliche wirtschaftliche

Konsequenzen bewältigen (F2) sowie der Betroffene kann katastrophale wirtschaftliche Konsequenzen möglicherweise nicht überwinden (F3).

- *Schadenskategorie „Operational" (O):* Aufrechterhaltung der vorgesehenen betrieblichen Leistungsfähigkeit aller Funktionen des Fahrzeugs im vernetzten und automatisierten Verkehr. Die Beurteilung des Schweregrades hinsichtlich betrieblicher Auswirkungen erfolgt in vier Kategorien: Der Schaden führt zu keiner oder zu einer nicht erkennbaren Beeinträchtigung der Funktion oder Leistung des Kraftfahrzeugs (O0), der Schaden führt zu einer teilweisen Beeinträchtigung der Funktion oder Leistung des Kraftfahrzeugs (O1), der Schaden führt zu einem Verlust einer Funktion des Kraftfahrzeugs (O2) oder das Kraftfahrzeug ist nicht betriebsbereit (O3).

- *Schadenskategorie „Privacy" (P):* Schutz der Privatsphäre der Fahrzeugführer und des geistigen Eigentums der Fahrzeughersteller und ihrer Zulieferer. Die Beurteilung des Schweregrades bezüglich des Schutzes der Privatsphäre erfolgt in vier Kategorien: Die Verletzung der Privatsphäre hat keine oder nur geringe Unannehmlichkeiten für die Verkehrsteilnehmer zur Folge (P0), die Verletzung der Privatsphäre führt zu erheblichen Unannehmlichkeiten für die Verkehrsteilnehmer (P1), Die Verletzung der Privatsphäre führt zu schwerwiegenden Folgen für die Verkehrsteilnehmer (P2), die Verletzung der Privatsphäre führt zu erheblichen oder sogar irreversiblen Beeinträchtigungen der Verkehrsteilnehmer, d. h. hoch sensible Daten sind leicht auf eine Person zu beziehen (P3).

**Beispiel:** Die Kompromittierung der für das Bremssteuergerät (Electronic Control Unit, ECU) bestimmten CAN-Botschaften führt zu einem unkontrollierbaren, willkürlichen Abbremsen des Fahrzeugs, welches zu tödlichen Verletzungen der Fahrzeuginsassen führen kann (Schadenskategorie S3).

## 5.3     Identifikation von Bedrohungsszenarien

Basierend auf einer Beschreibung des Anwendungsfalls werden für die einzelnen Komponenten des Systems Bedrohungen identifiziert. Dies ist in der Regel ein kreativer Prozess mit mehreren Beteiligten, wozu mehrere mögliche Methoden zum Einsatz kommen können. Nachfolgend werden exemplarisch zwei Methoden vorgestellt. Ausgangspunkt hierfür sind die zuvor definierten Schadensszenarien. Aus den Schadensszenarien können mehrere Bedrohungsszenarien abgeleitet werden. Umgekehrt können mehrere Bedrohungen zu dem gleichen Schaden führen.

Eine mögliche Methode ist hierfür STRIDE, bei der mittels Leitworten mögliche Bedrohungen identifiziert werden können. STRIDE wurde ursprünglich von Microsoft vorgestellt. STRIDE ist eine strukturierte, qualitative Analysemethode, die einer möglichst vollständigen Erfassung von Bedrohungen dienen soll (Jelacic et al. 2018). Bei STRIDE steht jeder Buchstabe für eine mögliche Bedrohung:

- **S**poofing Identity (Die Angreifer geben vor, jemand oder etwas anderes zu sein)
- **T**ampering with Data (Angreifer verändern Daten bei der Übertragung oder in einem Datenspeicher, Angreifer können Funktionen als die in Software, Firmware oder Hardware verkörpert sind verändern.)
- **R**epudiation (Angreifer führen Aktionen durch, die nicht auf sie zurückgeführt werden können)
- **I**nformation Disclosure (Angreifer erhalten Zugang zu Daten bei der Übertragung oder in einem Datenspeicher)
- **D**enial of Service (DoS) (Angreifer unterbrechen den regulären Betrieb eines Systems)
- **E**levation of Privileges (Angreifer führen Aktionen aus, zu denen sie nicht berechtigt sind)

Der Ansatz kann exemplarisch mit dem vorherigen Beispiel des unberechtigten Zugriffs auf die Bremsfunktion beschrieben werden.

**Beispiel:** Das Vortäuschen einer falschen Identität („Spoofing") von CAN-Nachrichten (Controller Area Network) für das Bremssteuergerät (Electronic Control Unit) führt zum Verlust der Integrität der CAN-Nachrichten (und damit zum Verlust der Integrität der Bremsfunktion). Dies führt zu einem unkontrollierbaren, willkürlichen Abbremsen des Fahrzeugs. Infolgedessen kommt es zu möglichen Schäden für die Fahrzeuginsassen.

Ein alternativer methodischer Ansatz ist die Methode THROP (Threat and Operabiity Analysis). Dieser methodische Ansatz der Identifikation von Bedrohungsszenarien geht ähnlich zu etablierten Vorgehensweise in der Funktionalen Sicherheit (HAZOP, Hazard and Operability Analysis, vgl. DIN EN 61882) vor. Ähnlich wie die HAZOP auch, betrachtet die THROP das Risiko aus Sicht der von einem System erbrachten Funktionen. Zunächst werden die hauptsächlichen Funktionen des betrachteten Systems aus der Item Definition aufgeführt und Leitworte auf diese Funktionen angewendet, um potenzielle Bedrohungen zu identifizieren. Hierbei handelt es sich beispielsweise um:

- um eine böswillige unbeabsichtigte Funktion
- eine böswillige falsche Funktion (Leitworte: zu hoch, zu gering, …)
- einen böswilligen Verlust der Funktion.

Jeder der auf diese Weise erkannten Bedrohungen werden die Konsequenzen der jeweiligen Bedrohung in der Regel tabellarisch zugeordnet. Eine beispielhafte Formulierung einer Bedrohung ist ein „böswilliger unbeabsichtigter Eingriff in das Bremssystem".

## 5.4 Identifikation von Angriffspfaden

Die Konzeption wirksamer Gegenmaßnahmen setzt voraus, dass mögliche Angriffspfade identifiziert werden. Gleiches gilt für die Bestimmung der Wahrscheinlichkeit eines unberechtigten Zugriffs Dritter. Für die Identifikation von Angriffspfaden werden bekannte Schwachstellen aus allgemein zugänglichen Quellen verwendet oder ein Architekturentwurf genutzt (Sofern dieser zu dem Zeitpunkt schon verfügbar ist). Möglicherweise liegt auch eine Schwachstellenanalyse oder Angriffspfade aus einer vorherigen Analyse vor. Grundsätzlich kann das Vorgehen in einem *Top-Down* oder in einem *Bottom-Up*-Ansatz unterschieden werden:

- *Bottom-Up-Vorgehensweise:* Bei einem Bottom-up-Ansatz (induktive Vorgehensweise) werden Angriffspfade für eine betrachtete Komponente aus den ermittelten Cybersicherheitsschwachstellen erstellt. Jede Aktion im Angriffspfad basiert auf einer „ausnutzbaren Schwachstelle". Der Bottom-up-Ansatz wird am häufigsten verwendet, wenn eine Implementierung der Komponente bekannt ist. Ein Beispiel einer Bottom-Up-Vorgehensweise ist eine Schwachstellenanalyse.
- *Top-Down-Vorgehensweise:* Beim Top-Down-Ansatz (deduktive Vorgehensweise) werden Angriffspfade für die betrachtete Komponente auf der Grundlage historischer Kenntnisse über Schwachstellen in ähnlichen Systemen und Komponenten abgeleitet. Der Top-Down-Ansatz ist in der Konzept- und Entwicklungsphase nützlich, wenn eine Implementierung der Komponente noch nicht verfügbar ist. Ein Beispiel einer Top-Down-Vorgehensweise ist eine systematische Erstellung von Angriffsbäumen (englisch: Attack Trees).

Die Top-Down-Vorgehensweise der Erstellung von Bedrohungsbäumen wird nachfolgend näher beschrieben. Bedrohungsbäume (engl. Attack Trees) dokumentieren die idealerweise vollständige Erfassung aller Bedrohungen. Die generelle Vorgehensweise zum Erstellen eines Bedrohungsbaumes ist der in der Funktionalen Sicherheit etablierten Vorgehensweise der Sicherheitsanalyse mit Fehlerbäumen zur Betrachtung von Mehrfachausfällen angelehnt (vgl. DIN 25424). Die Wurzel des Bedrohungsbaums definiert ein Angriffsziel, das heißt eine mögliche Bedrohung des Systems. Die Kinder eines Knotens im Baum repräsentieren Zwischenziele, die zur Erreichung des Ziels des Vaterknotens beitragen. Zwischenziele können mit einem UND beziehungsweise einem ODER verknüpft werden: Ein UND erfordert das Eintreten aller Bedrohungen, damit die Bedrohung des Vaterknotens auftritt. Ein ODER hingegen erfordert nur eine Bedrohung zum Auftreten der Bedrohung des Vaterknotens. Der Pfad von einem Blatt zur Wurzel zeigt die Schritte, um das in der Wurzel definierte Angriffsziel zu erreichen. Abb. 5.1 zeigt schematisch einen Bedrohungsbaum zur strukturierten Ableitung von Bedrohungen.

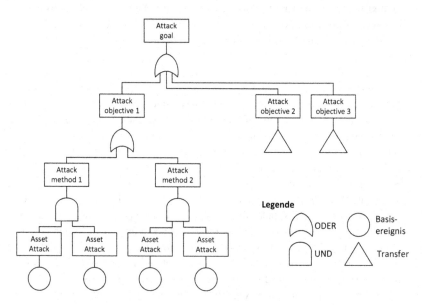

**Abb. 5.1**  generische Struktur eines Bedrohungsbaums (englisch: attack tree)

**Beispiel:** Das Telematik-Steuergerät wird über die Mobilfunkschnittstelle kompromittiert, dann wird das Gateway-Steuergerät über die CAN-Kommunikation kompromittiert, als nächstes leitet das Gateway-Steuergerät bösartige Bremsanforderungssignale weiter, was zu einem Verlust der Integrität der Bremsfunktion führt. Dies resultiert in einem unkontrollierbaren, willkürlichen Abbremsen des Fahrzeugs.

## 5.5 Ermittlung der Erfolgswahrscheinlichkeit eines Angriffs

Die Erfolgswahrscheinlichkeit eines Angriffs ist ein Maß für den Aufwand, der für einen Angriff auf ein Objekt oder eine Komponente erforderlich ist, ausgedrückt durch die Fachkenntnisse und Ressourcen eines Angreifers. Das Angriffspotenzial basiert auf fünf Kernparametern, die zu einer Metrik verknüpft werden:

- *verstrichene Zeit:* Der Parameter der verstrichenen Zeit umfasst die Zeit für die Ermittlung einer Schwachstelle und die Entwicklung und (erfolgreiche) Ausnutzung einer Schwachstelle. Die Kategorien erstrecken sich von weniger als einer Woche bis zu über drei Jahren.
- *Fachwissen:* Der Parameter des Fachwissens bezieht sich auf die Fähigkeiten des Angreifers (Fertigkeiten und Erfahrungen). Das Spektrum erstreckt sich von einem Laien, einer kompetenten Person (erfahrene Besitzer oder einfache Techniker), ein Experte (erfahren in Bezug auf Techniken und Werkzeugen für die Definition neuartiger Angriffe) bis hin zu mehreren Experten (für verschiedene Schritte eines Angriffs sind unterschiedliche Fachkenntnisse auf Expertenebene erforderlich).
- *Kenntnis der betrachteten Komponente:* Dieser Parameter bezieht sich auf die Menge an Informationen zusammen, die der Angreifer über die betrachtete Komponente erworben hat. Das Spektrum erstreckt sich hierbei von öffentlichen Informationen (bspw. aus dem Internet), vertrauliche Informationen (bspw. durch eine Geheimhaltungsvereinbarung zwischen zwei Organisationen übergebene Informationen), geheime Informationen (bspw. Wissen, zu dem nur Mitglieder eines Teams des entwickelnden Unternehmens Zugang haben) bis hin zu streng geheimen Informationen (bspw. Wissen, welches nur wenigen und streng zur Vertraulichkeit verpflichteten Personen bekannt ist).

- *Verfügbares Zeitfenster für einen Angriff:* Diese Zeitspanne bezieht sich auf die mögliche Zugangsart (z. B. logisch und physisch) und die Zugangsdauer (z. B. unbegrenzt und begrenzt). Das Spektrum erstreckt sich hierbei von einem unbegrenzten Zugriff (es besteht eine Zugangsmöglichkeit über ein öffentliches/nicht vertrauenswürdiges Netz ohne zeitliche Begrenzung), einen einfachen Zugriff (bspw. gute Zugangsmöglichkeit über eine begrenzte Zugriffszeit), mittlere Zugriffsmöglichkeit (bspw. begrenzter physischer und/ oder logischer Zugang), schwierige Möglichkeit des Zugriffs (es gibt typischerweise kein ausreichendes Zeitfenster für die Durchführung des Angriffs).

- *Ausrüstung des Angreifers:* Werkzeuge, die dem Angreifer zur Ausführung des Angriffs zur Verfügung stehen. Das Spektrum erstreckt sich hierbei von Standardwerkzeugen (Ausrüstung kann leicht beschafft werden beispielsweise über Internetquellen), spezialisierte Werkzeuge (die Ausrüstung steht dem Angreifer nicht ohne Weiteres zur Verfügung, kann aber ohne großen Aufwand beschafft werden wie beispielsweise die Entwicklung umfangreicherer Angriffsskripte), maßgeschneiderte Werkzeuge (die für einen Angriff erforderliche Ausrüstung ist nicht ohne weiteres öffentlich zugänglich und Beispielsweise nur auf dem Schwarzmarkt erhältlich, weil der Vertrieb kontrolliert oder sogar möglicherweise vollständig eingeschränkt ist), mehrfache maßgeschneiderte Werkzeuge (verschiedene maßgeschneiderte Werkzeuge werden für verschiedene Schritte eines Angriffs benötigt).

## 5.6     Ermittlung des Risikos

Das Risiko eines Bedrohungsszenarios bestimmt sich aus den Auswirkungen des zugehörigen Schadensszenarios und der Erfolgswahrscheinlichkeit eines Angriffs des zugehörigen Angriffspfads. Die Bestimmung von Risikowerten folgt den grundsätzlichen Vorgaben der DIN EN IEC 31010. In DIN EN 31010 wird eine ordinale Skala von Risikowerten von 1, 2, 3, 4 und 5 verwendet, wobei 1 das minimale Risiko und 5 das höchste Risiko darstellt. Die Zuordnung der verbundenen Auswirkungen und Angriffsmöglichkeiten für ein Bedrohungsszenario zu einem konkreten Risikowert bleibt der Organisation überlassen. Die Zuordnung ergibt sich in der Regel über eine von der Organisation festzulegende Risikomatrix. Die Bestimmung eines Risikowertes unterstützt die Entscheidungen über die Risikobehandlung, einschließlich der Auswahl von Maßnahmen zur Risikobeherrschung. Darüber hinaus können verschiedene zu behandelnde Risiken priorisiert werden.

## 5.7 Entscheidung zur Risikobehandlung

Es gibt verschiedene Optionen für den Umgang mit Risiken. Die beispielhaften Optionen umfassen:

- Vermeidung des Risikos durch Beseitigung der Risikoquellen
- die Verringerung des Risikos;
- Teilen oder Übertragen des Risikos (z. B. durch Verträge, Abschluss einer Versicherung) und/oder
- Übernahme oder Beibehaltung des Risikos.

Die Notwendigkeit zur Umsetzung risikomindernder Maßnahmen ergibt sich aus ihrer Akzeptanz gemäß Risikomatrix (siehe Abschn. 5.6). Die Angemessenheit der Entscheidungen zur Risikobehandlung wird in einem Nachweisdokument zusammengestellt („Cybersecurity Case"). Dieser Nachweis unterliegt einer unabhängigen Begutachtung.

# Entwurf angriffssicherer Systeme

6

Grundsätzlich lassen sich die Aktivitäten in der Entwicklung sicherheitsrelevanter elektronischer Steuerungssysteme für Kraftfahrzeuge in spezifizierende Aktivitäten („downstream") und nachweisende Aktivitäten („upstream") unterscheiden – unabhängig von den jeweils betrachten Systemskalen (Produktentwicklung auf Systemebene, Produktentwicklung auf Hardwareebene, Produktentwicklung auf Softwareebene). In diesem Abschnitt werden zunächst die spezifizierenden Entwurfsaktivitäten dargestellt. Die nachweisenden Aktivitäten sind Gegenstand des Kap. 7.

## 6.1 Systemdefinition als Ausgangspunkt der Entwicklung

Die Eingrenzung des Betrachtungsgegenstands wird als *Item Definition* bezeichnet. In diesem Schritt der Systementwicklung erfolgt eine möglichst exakte Definition des zu entwickelnden Systems, welches dem auf die Cybersecurity ausgerichteten Entwicklungsprozess zu unterwerfen ist. Auf dieser Ebene werden die physikalischen Grenzen des betrachteten Systems aufgezeigt und zu schützende Bereiche aufgezeigt. Eine eindeutige Item Definition legt den Umfang der folgenden auf die Cybersecurity bezogenen Analysen fest. Diese Analysen können dann effektiv und mit höherer Effizienz durchgeführt werden.

Für die Festlegung des Betrachtungsumfangs der auf die Cybersecurity bezogenen Analysen ist der Zusammenhang zwischen sicherheitsrelevanten elektronischen Steuerungssystemen für Kraftfahrzeuge und den aus Sicht der Cybersecurity schützenswerten Systemen zu beachten:

© Der/die Autor(en), exklusiv lizenziert an Springer-Verlag GmbH, DE, ein Teil von Springer Nature 2023
L. Schnieder, *Leitfaden Automotive Cybersecurity Engineering*, essentials,
https://doi.org/10.1007/978-3-662-67333-1_6

- Alle sicherheitsrelevanten elektronische Steuerungssysteme sind auch gegen Zugriffe und Attacken unberechtigter Dritter zu schützen, da ein unberechtigter Zugriff oder eine Attacke entweder direkt oder indirekt zu einer Verletzung der Sicherheitsziele führen kann.
- Im Umkehrschluss sind jedoch nicht alle gegen unberechtigte Zugriffe und Attacken unberechtigter Dritter zu schützende Systeme auch gleich sicherheitsrelevant, da Angriffe nicht zwingend negative Auswirkungen auf die Funktionale Sicherheit haben müssen, sondern statt dessen „lediglich" Auswirkungen auf die Schutzziele der Verfügbarkeit oder Vertraulichkeit haben.

## 6.2   Cybersecurity: Ziele und Konzept

Ist die Risikobewertung (vgl. Kap. 5) abgeschlossen, schließt sich die *Identifikation von Cybersecurity-Zielen* an. Aus den Ergebnissen der Risikobewertung werden sehr allgemeine Schutzziele auf einer hohen Abstraktionsebene abgeleitet. Cybersecurity-Ziele werden für jede identifizierte Bedrohung mit hohem korrespondierendem Risiko erstellt. Cybersecurity-Ziele formulieren, was zu vermeiden ist oder zu erkennen ist (Schmittner 2016). Negative Auswirkungen eines unberechtigten Zugriffs sollen komplett verhindert oder zumindest in ihren Auswirkungen, bzw. ihrer Wahrscheinlichkeit vermindert werden. Cybersecurity-Ziele sind invers zur jeweiligen Bedrohungen. Beispiele für Cybersecurity-Ziele sind:

- *Verhinderung* des Zugriffs über drahtgebundene und drahtlose Kommunikation
- *Verhinderung* eines nicht autorisierten oder falschen Software-Updates
- *Verhinderung* der Nutzung nicht autorisierter oder falscher Konfigurationsdaten
- *Verhinderung* der Ausnutzung bekannter Schwachstellen
- *Verhinderung* und *Erkennung* unberechtigter Zugriffe auf den Web-Server, über den Softwareupdates durchgeführt werden.

Aus den Cybersecurity-Zielen wird das Cybersecurity-Konzept abgeleitet. Das Cybersecurity-Konzept beschreibt eine übergeordnete Strategie, wie die Cybersecurity-Ziele erreicht werden sollen. Mögliche in dieser Strategie verwendete Schutzkonzepte umfassen (Schmittner et al. 2016):

- Anwendung *zugriffsgeschützter Kommunikationskanäle* wann immer möglich (z. B. VPN, SSL, WPA2)

- Verwendung *digitaler Signaturen* für ausgetauschte Daten wie beispielsweise Softwareupdates und Konfigurationsdaten.
- *Minimierung von Schwachstellen* in Entwicklung und Betrieb (beispielsweise durch Leitlinien für Secure Coding und Durchführung statischer Code Reviews gegen diese Leitlinien, Schwachstellenscans, Prozesse und Techniken für Softwareupdates)
- *Abschaltung aller Schnittstellen* für Debugging und Diagnose im Betrieb des Fahrzeugs
- *Nutzung vorhandener und bewährter Schutzmechanismen* in Hard- und Software, wann immer dies möglich ist.

Funktionale Cybersecurity-Anforderungen werden aus dem Cybersecurity-Konzept und den Cybersecurity-Zielen abgeleitet (Schmittner et al. 2016). Somit stehen am Ende der Konzeptphase Anforderungen fest, die im weiteren Verlauf der Produktentwicklung auf Systemebene weiter verfeinert und im technischen Cybersecurity-Konzept auf Hardware und Software heruntergebrochen werden.

## 6.3 Ableitung und Verfeinerung technischer Cybersecurity-Anforderungen

In diesem Entwicklungsschritt wird eine rein auf funktionaler Ebene beschriebene Schutzstrategie auf die Ebene technischer Maßnahmen heruntergebrochen. Im sogenannte technischen Cybersecurity-Konzept werden Entscheidungen über konkrete technische Sicherungsmaßnahmen auf Systemebene dokumentiert. Hierbei werden Entscheidungen zu anzuwendenden Schutzmaßnahmen wie bspw. Verschlüsselung oder die Grundsätze eines ganzheitlichen Schutzkonzepts („Defense in Depth") beschrieben.

▶ **Defense in Depth/Tiefgestaffelte Verteidigung** Eine einzige Schutzmaßnahme ist für die Cybersecurity absolut unzureichend. Selbst unter der Annahme, dass das Konzept einer Schutzmaßnahme keine Schwachstellen hat, wird die Implementierung in der Regel Fehler (engl. „Bugs") aufweisen. Schätzungen schwanken hier zwischen einer Schwachstelle auf 1000 Codezeilen und einer Schwachstelle auf 10.00 Codezeilen. Bei insgesamt mehr als 100 Mio. Codezeilen bei einem Oberklassefahrzeug wird deutlich, welche Bedrohungspotenziale hier schlummern. Es ist empirisch belegt, dass Bugs die

häufigste Ursache für Schwachstellen in soft- warebasierten technischen Systemen darstellen. Basierend auf der Erkenntnis, dass jede
„Verteidigungslinie" Implementierungsfehler aufweist, müssen – wie
bereits in Festungsanlagen des 17. Jahrhunderts üblich – mehrere
Schutzmechanismen hintereinander angeordnet werden. Die verschiedenen Schutzmechanismen erhalten den Schutz des Systems
auch dann noch aufrecht, wenn die äußerste Schutzmaßnahme von
einem Angreifer erfolgreich kompromittiert wurde. Es kann ange-
nommen werden, dass unter gegebenen Restriktionen potenzieller
Angreifer (Zeit, finanzielle und technische Ressourcen und verfügbares Fachwissen) bei der Anordnung mehrerer hintereinanderliegen-
der Schutzmechanismen die Wahrscheinlichkeit einer erfolgreichen
Kompromittierung des betrachteten Systems stark abnimmt (Ihle und
Glas 2016).

In der Automobilindustrie wird ein umfassender Ansatz des Schutzes auf vier
Ebenen diskutiert (Ihle und Glas 2016), der von den Autoren dieses *essentials*
um eine fünfte Ebene des Schutzes Kritischer Verkehrsinfrastrukturen erweitert
wird (vgl. hierzu Abb. 6.1):

- *Ebene 5: Schutz Kritischer Verkehrsinfrastrukturen:* Fahrzeuge sind zunehmend in intelligente Verkehrssysteme eingebunden, von denen sie Führungs-
größen für die Navigation oder sogar der Quer- und Längsführung erhalten

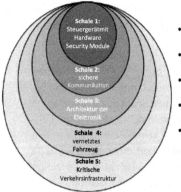

- **Schale 1:** Schutz der Integrität von Software und
Daten des Steuergeräts
- **Schale 2:** Schutz der Integrität
sicherheitsrelevanter   Kommunikationsinhalte.
- **Schale 3:** Schutz und Separierung verschiedener
Bereiche der Systemarchitektur und Gateways
- **Schale 4:** Fahrzeug-Firewalls und Absicherung
externer Kommunikationsschnittstellen
- **Schale 5:** Schutz Kritischer
Verkehrsinfrastrukturen durch physischen
Schutz, organisatorische Maßnahmen und
Härtung von IT-Systemen

**Abb. 6.1**  Security in Depth. (Eigene Darstellung in Anlehnung an Ihle und Glas 2016)

(Krüger 2015; Krimmling 2017). So kann beispielsweise ein unberechtigter Zugriff auf Verkehrsrechner oder kooperative Lichtsignalanlagen Unfälle provozieren (Schoitsch et al. 2016). Da der Transportsektor eine für das staatliche Gemeinwesen unverzichtbare Dienstleistung ist, sind Kritische Infrastrukturen im Straßenverkehr besonders abzusichern (Schnieder 2023). Schutzkonzepte umfassen hierbei Maßnahmen des physischen Zugriffsschutzes, die Härtung informationstechnischer Systeme für die Verkehrssteuerung sowie organisatorische Maßnahmen.

- *Ebene 4: Schutz des mit seiner Umgebung vernetzten Fahrzeugs:* Mit zunehmender Konnektivität und hierauf basierenden Funktionen nimmt die Verwundbarkeit der Fahrzeuge zu. Auf dieser Ebene kommen beispielsweise Firewalls zum Einsatz, die einen unberechtigten Zugriff auf das Fahrzeug von außen abweisen.

- *Ebene 3: Schutz der Fahrzeugarchitektur:* Um zum einen einen externen Einfluss auf interne Fahrzeugsysteme abzuweisen, bzw. die Auswirkung kompromittierter Teilkomponenten zu begrenzen muss die interne Fahrzeug-kommunikationsarchitektur durch dedizierte Gateways abgesichert werden. Hierdurch wird sichergestellt, dass nur autorisierte und authentifizierte Zugriffe auf die zentralen internen Kommunikationssysteme des Fahrzeugs (CAN-Bus[1] für den Antriebsstrang, CAN-Bus für das Chassis) möglich sind. Eine weitere Rolle kann hier eine Erkennung unerlaubter Zugriffe (Intrusion Detection) und eine Ergänzung um unverzüglich und automatisiert ablaufende Reaktionen auf erkannte Fremdzugriffe spielen. Hierbei ist allerdings bei für die Funktionale Sicherheit relevanten Systemen zu beobachten, dass eine Cybersecurity-Schutzreaktion potenziell kritische Systemzustände im Sinne der Funktionalen Sicherheit heraufbeschwören kann.

- *Ebene 2: Schutz der fahrzeuginternen Kommunikation:* Unter der Annahme, dass einem Angreifer ein erfolgreicher Zugriff auf interne Kommunikationssysteme des Fahrzeugs gelungen ist, kann er hierbei das System weiter kompromittieren. Ein lückenhafter Schutz besteht auf dieser Systemebene genau dann, wenn Kommunikationsprotokolle nur Schutz gegen zufällige Verfälschungen bieten, nicht aber bewusste Manipulationen wie die Verfälschung oder das Einfügen von Nachrichten unterbinden. Es sind also – wie auch in anderen Industriebereichen üblich (vgl. DIN EN 50159 für Bahnanwendungen) – zusätzliche Schutzmechanismen in die Übertragungsprotokolle einzuführen, welche die Authentizität des Senders/Empfängers (Schlüssel), die Integrität der Daten (Kryptographie) sowie die Aktualität der Daten (Zeitstempel, Nachrichtenzähler) sicherstellen.

---

[1] Controller Area Network.

- *Ebene 1: Der Schutz einzelner Steuergeräte:* Der Schutz einzelner Steuergeräte ist das solide Fundament für ein ganzheitliches Schutzkonzept. Beispielsweise müssen Schnittstellen für die Fehlerbehebung (Debugging), die Diagnose und die Programmierung gegen unberechtigte Zugriffe geschützt werden. Das Schutzkonzept kann ferner umfassen, dass nur Software von vertrauenswürdigen Quellen in einem Update geladen werden kann (bspw. durch das signieren des Codes). Auch kann zusätzlich die Integrität des Steuergerätes während des Betriebs überwacht werden.

## 6.4 Cybersecurity-Anforderungen an Hardware und Software

Ein nächster Schritt der Verfeinerung der Anforderungen ist die Ableitung hard- und softwarebezogener Anforderungen an die Cybersecurity. Ausgangspunkt hierfür sind die Entwurfsentscheidungen der Produktentwicklung auf der Systemebene. Hierzu müssen Schnittstellen der Hard- und Software, Datenflüsse, Datenspeicherung und Datenverarbeitung sowie die Systembestandteile, welche Schutzmaßnahmen der Cybersecurity unterstützen, identifiziert werden. Ein Augenmerk liegt hierbei darauf, welche Beiträge Hard- und Software für einen ausreichenden Schutz des Gesamtsystems leisten können. Beispielsweise können die folgenden Aspekte betrachtet werden:

- *Schutz gegen unberechtigte Modifikationen (Tampering):* Es muss ausgeschlossen werden, dass ein Angreifer auf Teile der Hard- und Software unerkannt zugreifen kann. Erkennt eine Software einen unberechtigten Zugriff, sollte die Software den erkannten Zugriffsversuch aufzeichnen und nach Möglichkeit melden. Ferner sollte die Software alle Schlüssel für alle gespeicherten Informationen, die sie schützen soll tauschen. Sollte die Software alle Informationen die sie schützt löschen, wäre gegebenenfalls genau dies das Ziel des Angreifers.
- *Schutz vor unberechtigtem physischem Zugriff:* Das Unterbinden des physischen Zugangs verhindert einen lesenden oder schreibenden Zugriff auf ein Teil des Systems für einen unzulässigen Zweck.
- *Schutz vor Reverse Engineering:* Schutzmaßnahmen verhindern, dass ein Angreifer schützenswerte Algorithmen oder personenbezogene Informationen entziffern oder lesen kann.

# Eigenschaftsabsicherung angriffssicherer Systeme

**7**

Das Vorgehensmodell des Automotive Security Engineerings definiert im aufsteigenden Ast eines V-Modells auch das Vorgehen zur Qualitätssicherung (Test und unabhängige Begutachtung). Hierbei werden jeder einzelnen Entwicklungsphase Integrationsschritte und Testphasen gegenübergestellt. Die Implementierung des angriffssicher gestalteten elektronischen Steuerungssystems wird auf der rechten Seite des V-Modells gegen die entsprechenden Spezifikationen der linken Seite getestet. Hardware und Software des entwickelten angriffssicheren Systems sind – wie in den Entwicklungsprozessen zur Funktionalen Sicherheit auch üblich – zunächst auf Hardware- und Softwareebene Gegenstand dedizierter Testaktivitäten. Die Testaktivitäten sind auch in diesem Fall hierbei rückverfolgbar auf die Anforderungsartefakte. Liegen Testaussagen zu den Subsystemen vor, werden Hard- und Software integriert, was ebenfalls durch eine geeignete Testabdeckung passieren muss. Hierbei müssen die Testfälle rückverfolgbar aus den konkreten Cybersecurity-Anforderungen abgeleitet werden (im Sinne anforderungsbasierter Tests). Zusätzlich müssen jedoch für den Nachweis einer angemessenen Absicherung sicherheitsrelevanter elektronischer Steuerungssysteme gegen unberechtigten Zugriff Dritter besondere Testkonzepte verfolgt werden, welche sich grundlegend von denen der Funktionalen Sicherheit unterscheiden.

## 7.1 Nachweis der Angriffssicherheit durch Fuzz-Testing

Der Zweck von „Fuzz-Tests" ist es, das zu entwickelnde sicherheitsrelevante elektronische Steuerungssystem mit zufällig generierten Daten und/oder Signalen zu beaufschlagen. Mit den zufälligen Daten kann der spätere Einsatz im Feld simuliert werden, bei dem nicht immer nur plausible Daten verarbeitet werden müssen.

L. Schnieder, *Leitfaden Automotive Cybersecurity Engineering*, essentials, https://doi.org/10.1007/978-3-662-67333-1_7

Auf diese Weise sollen bislang noch unbekannte Schwachstellen oder Robustheitsprobleme in der entwickelten Software aufgedeckt werden, die ein Angreifer ausnutzen kann.

Fuzzing wird in der Software-Entwicklung in der Regel im Rahmen von *Black-Box-Tests* verwendet. Hierbei werden Tests anhand der Spezifikation und ohne Kenntnis der inneren Funktionsweise des entwickelten Systems entwickelt. Wenn das entwickelte System bei bestimmten vom Fuzzer generierten Daten reproduzierbar ein Problem verursacht (z. B. abstürzt), kann darauf aufbauend anhand von *White-Box-Tests* die genaue Ursache erforscht werden. Hierbei werden Tests mit Kenntnissen der inneren Funktionsweise (beispielsweise der Kontrollfluss) des zu testenden Systems entwickelt.

Die Durchführung von Fuzz Tests weist die folgenden Vor- und Nachteile auf:

- *Vorteil durch Testautomatisierung:* Fuzz Testing ist recht effektiv, weil der Testprozess in der Regel in einem hohen Maße automatisiert abläuft. Es kommen hierfür am Markt etablierte Testwerkzeuge (beispielsweise für Bluetooth- oder WiFi-Verbindungen) zum Einsatz. Der Aufwand zum Erstellen und Ausführen der Testfälle ist vergleichsweise gering. Werkzeuge unterstützen beides und helfen auch teilweise beim Dokumentieren. Der hohe Automatisierungsgrad macht dieses Testverfahren auch für Regressionstest attraktiv.
- *Vorteil durch Testabdeckung:* Beim methodischen Herleiten von Testfällen beispielsweise mithilfe der Blackbox-Verfahren (beispielsweise äquivalenzklassenbasiertes Testen) besteht die Gefahr, dass Fehler übersehen werden. Zufällig erzeugte Testfälle mit einem Fokus auf fehlerbasiertem Testen sind eine wichtige Ergänzung und erhöhen auf diese Weise die in der Praxis erreichbare Testabdeckung. Ein weiterer Vorteil besteht, darin, dass Fuzz-Tests in jeder Lebenszyklusphase durchgeführt werden können.
- *Vorteil der Anwendbarkeit bei fehlender Systemkenntnis:* Nicht immer ist das Innenleben möglicherweise eingesetzter Fremdprodukte bekannt. Dann bietet sich das Fuzz-Testing an, da die Testfälle automatisiert und ohne Kenntnis des inneren Aufbaus des Produkts hergeleitet werden können.
- *Einschränkung von Fuzz-Tests* ist das erforderliche profunde technisches Wissen und ein Verständnis von Schnittstellen, Protokollen, Rechnerarchitekturen. Dies sind wichtige Voraussetzungen für ein erfolgreiches Fuzz-Testing.
- *Einschränkung von Testaussagen:* Wie alle Tests können auch Fuzz-Tests nur die Existenz von Fehlern beweisen, nicht die Fehlerfreiheit. Daher ist es

unumgänglich, nicht nur weitere Methoden zur Verifizierung und Validierung der Systeme, sondern auch konstruktive Verfahren der Qualitätssicherung anzuwenden wie z. B. das Threat-Modeling und Coding-Guidelines.

## 7.2  Nachweis der Angriffssicherheit durch Schwachstellentests

Der Zweck von Vulnerability-Tests ist es, zu bestätigen, dass die anforderungsgemäß implementierten Schutzmechanismen das betrachtete System wirksam gegen die zu Beginn der Systementwicklung in der Risikobeurteilung identifizierten Bedrohungen schützen. Hierzu fokussiert das Vulnerability-Testing das Fahrzeug aus der Perspektive eines potenziellen Angreifers, welcher für seinen Angriff gezielt erkannte Schwachstellen im Fahrzeug nutzt.

Bei Vulnerability-Tests handelt es sich um hochgradig automatisierte Tests, die als *Schwachstellenscan* beginnen. Hierbei werden mögliche Schwachstellen im System erkannt, die von einem Angreifer ausgenutzt werden könnten. Insofern handelt es sich beim Vulnerability-Tests um eine entdeckende Testmethode, welche angewendet wird um Schwachstellen zu erkennen, bzw. zu verproben, ob bekannte Schwachstellen im System implementiert sind. In der Abgrenzung zu Penetration-Tests (vgl. Darstellung in Abschn. 7.3) handelt es sich beim Schwachstellentest nicht um eine manuell durchgeführte „aggressive Testmethode", die zum Ziel hat, vorhandene Schutzmaßnahmen zu brechen, zu umgehen oder zu modifizieren.

Die Durchführung von Schwachstellentests weist die folgenden Vor- und Nachteile auf:

- Ein *Vorteil* weitreichend automatisch ablaufender Schwachstellenscans ist es, dass es sich hierbei um einen größtenteils technischer Ansatz handelt, sich einen Überblick über den erreichten Sicherheitsstand des betrachteten Systems zu verschaffen. Es wird somit möglich, in kurzer Zeit, mit vergleichsweise geringem zeitlichem und finanziellem Aufwand einen Testreport zu erhalten, auf dessen Grundlage in der Folge gezielt identifizierte kritische Sicherheitslücken geschlossen werden können.
- *Nachteile* dieses Ansatzes liegen zum einen darin, dass ein Schwachstellentest nur auf bekannte und publizierte Schwachstellen angewendet werden kann. Darüber hinaus hat diese Art der Testautomatisierung keine ausreichende Kenntnis des Systems. Es werden also möglicherweise viele „False Positives" gemeldet werden, also fälschlich Sicherheitslücken identifiziert

werden, die in Wirklichkeit nicht vorhanden sind. Die meisten Schwachstellenscanner entscheiden beispielsweise anhand der Versionen der eingesetzten Betriebssysteme und Anwendungen, ob eine Schwachstelle vorliegt. Es muss jedoch berücksichtigt werden, dass in einigen Fällen aus Kompatibilitätsgründen zu anderen Anwendungen bewusst alte Versionen eingesetzt werden, die aber durch eingespielte Patches bereits gegen die identifizierten Bedrohungen gehärtet sind.

## 7.3    Nachweis der Angriffssicherheit durch Eindringungstests

Der Zweck von Eindringungstest (Penetration Tests) ist es, die Systemausschnitte, für die in der Bedrohungsanalyse ein hohes Risiko identifiziert worden ist, vertieft zu untersuchen. Eindringungstests simulieren Angriffe auf das betrachtete System. Diese Tests setzen an allen externen Datenschnittstellen (beispielsweise Bluetooth, USB, Mobilfunk, WiFi, HMI usw.) an. Durchführung von Penetration Tests folgt einem mehrstufigen Vorgehen (Bundesamt für Sicherheit in der Informationstechnik 2016):

- *Informationsbeschaffungsphase* (engl. *Footprinting*): Der Sicherheitsanalyst versucht, möglichst viele Informationen über das zu testende System zu erhalten. Der Aufwand der Informationsbeschaffung wird von der Art des Tests beeinflusst.
- *Aktive Eindringversuche* können als *White-Box-Tests* (engl. *Full Disclosure*) durchgeführt werden, wenn der Penetrationstest mit internen Kenntnissen durchgeführt wird. Hierfür werden dem Tester nicht nur die verwendeten Applikationen und Plattformen mitgeteilt, sondern auch tief greifende Informationen wie Quelltexte, Konfigurationsdateien und Prozesse. Dies hat den Vorteil, dass Angriffe gezielt vorgenommen werden können und das Footprinting entfällt. Allerdings besteht hier die Gefahr, dass sich die Tester gegebenenfalls nur auf die gelieferten Informationen fokussieren und dann möglicherweise andere bestehende Schwachstellen übersehen. *Grey-Box-Tests* (engl. *Partial Disclosure*) sind eine Mischform aus den Extremen White-Box- und Black-Box-Tests und werden am häufigsten in der Praxis verwendet. Dies vereinfacht das Footprinting, ohne den Fokus des Tests zu sehr einzuengen. *Black-Box-Test* (engl. *Blind*) sind die aufwendigste und daher seltenste Art des

Penetration Tests. Ein Tester erhält keinerlei Informationen über die verwendeten Systeme. Da hier ein enormer Aufwand für das Footprinting betrieben werden muss, wird diese Form von Tests in der Praxis meist nicht verwendet.

- *Reporting:* Alle Testphasen werden akribisch dokumentiert. Ergebnisse werden gesammelt und alle gefundenen Schwachstellen aufgelistet. Gegebenenfalls werden alle benötigten Schritte zur Behebung der identifizierten Schwachstellen aufgeführt.

Die Durchführung von Penetration Tests in der Systementwicklung weist die folgenden Vor- und Nachteile auf:

- *Vorteil* dieser Eindringversuche eines einzelnen Testers oder eines Kollektivs an Testern ist, dass diese eine realistische Annäherung darstellen, wie ein wirklicher Hacker versuchen würde in das System einzudringen und dort Schwachstellen auszunutzen. Eindringungstests erscheinen daher ein wirksamer Indikator dafür, wie gut die realisierten Schutzmechanismen in der Praxis tatsächlich wirken.

- *Nachteil* dieses Testansatzes ist, dass Eindringungstests erst relativ spät im Entwicklungsverlauf durchgeführt werden können, wenn bereits eine integrierte Hard- und Softwarelösung vorliegt. Daher besteht gegebenenfalls nur noch wenig Zeit, noch vor geplantem Beginn der Serienfertigung etwaige identifizierte Schwachstellen zu beheben.

# Der Entwicklung nachgelagerte Lebenszyklusphasen

Die Verantwortung für ein Produkt endet nach allgemein gültiger Rechtsauffassung (vgl. hierzu die Rechtsprechung des Bundesgerichtshofes im sogenannten Honda-Fall) nicht mit dem Zeitpunkt des Inverkehrbringens. Es ist insofern von den Herstellern ein ganzheitlicher Prozess zu definieren, bei dem täglich gemeldete IT-sicherheitsrelevante Vorkommnisse bewertet werden, entsprechende Korrekturmaßnahmen geplant werden, und ihre Realisierung in Entsprechung mit dem zu dem Zeitpunkt gültigen Stand der Technik stringent nachverfolgt wird. Dies ist insofern für die Cybersecurity relevant, als dass nach dem Start der Produktion (SOP, Start of Production) die Robustheit eines softwarebasierten technischen Systems gegen unberechtigte Zugriffe sukzessive abnimmt, da die Fähigkeiten der Angreifer zunehmen und der Aufwand, bzw. die Kosten für einen erfolgreichen Angriff abnehmen (beispielsweise durch günstigere und leistungsfähigere Computer sowie Wissensfortschritte im technischen und mathematischen Bereich). Beispielsweise werden kryptografische Methoden, die vor zehn Jahren dem Stand der Technik entsprachen mittlerweile als nicht mehr ausreichend angesehen.

## 8.1 Schutz vor unberechtigtem Zugriff in der Produktion

Die Produktion umfasst die Herstellung, Montage und/oder Konfiguration eines einer Komponente. Ein Produktionskontrollplan wird erstellt, um zu gewährleisten, dass der die Komponente während der Produktion nicht geändert werden kann und während der Produktion keine zusätzlichen Schwachstellen hinzugefügt werden können. Der Produktionskontrollplan umfasst exemplarisch die folgenden Aspekte:

- in der Produktion zu berücksichtigende Cybersicherheitsanforderungen für die Lebenszyklusphasen Betrieb, Instandhaltung und Außerbetriebnahme
- Eine Beschreibung der Produktionsprozesse, der sicherstellt, dass die Cybersicherheitsanforderungen wirksam im Produkt umgesetzt wurden. So kann beispielsweise im Rahmen der Produktion einer Komponente zur Installation von Hard- und Software ein privilegierter Zugriff erforderlich sein. Allerdings kann ein solcher Zugriff auch dazu genutzt werden, während der Produktion Schwachstellen in die Komponente einzubringen. Diese Schwachstellen können nach der Produktion im Betrieb für einen nicht autorisierten Zugriff ausgenutzt werden. Daher ist die Möglichkeit eines privilegierten Zugriffs aufzuheben, sobald der Gegenstand oder die Komponente hergestellt ist.
- Beschreibung von Schutzmaßnahmen für Komponenten, um unbefugte Änderungen zu verhindern. Die Schutzmaßnahmen können Maßnahmen des physischen Zugriffsschutzes oder technische Maßnahmen umfassen. So kann beispielsweise der physische Zugriff auf einen Produktionsserver mit Software verhindert werden. Außerdem können technische Maßnahmen wie kryptographische Techniken und/oder Zugangskontrollen angewendet werden.
- Methoden, um zu bestätigen, dass die Cybersicherheitsanforderungen für die Zeit nach der Entwicklung in der Komponente erfüllt sind. Zu diesen Methoden gehören beispielsweise Verifikation, Validierung oder Inspektion.

## 8.2    Schutz vor unberechtigtem Zugriff in Betrieb und Instandhaltung

Die Cybersecurity muss auch nach der Produktion aufrecht erhalten werden. Insofern muss der Hersteller eine stringente Feldbeobachtung sicherstellen und bei erkannten Schwachstellen unverzüglich agieren. Hierbei sind geeignete Reaktionen auf Cybersicherheitsvorfälle zu planen und durchzuführen. Außerdem müssen im Bedarfsfall Systemupdates (bspw. Software-Patches) zur bereitgestellt werden.

### 8.2.1    Feldbeobachtung

Es muss einen klar definierten Prozess geben samt Kommunikationspfaden, über die ein auf die Cybersecurity sicherheitsrelevanter elektronischer Steuerungseinrichtungen bezogenes Vorkommnis gemeldet werden kann. Ein Prozess der

Feldbeobachtung ist spätestens dann erforderlich, wenn ein System, ein Fahrzeug oder eine komplette Fahrzeugflotte im öffentlichen Straßenraum in Betrieb ist. Ein Vorkommnis kann von Kunden, Strafverfolgungsbehörden, Versicherungsunternehmen, Medien oder Herstellern gemeldet werden. Es sollte für die Nutzer der Fahrzeuge klar und einfach beschrieben sein, wie man bei der Meldung eines Vorkommnisses an den Fahrzeughersteller vorgeht. Es schließt sich anschließend eine strukturierte Behandlung erkannter Vorkommnisse an.

## 8.2.2  Reaktion of Cyber-Sicherheitsvorfälle

Für den Fall eines Sicherheitsvorfalls ist ein Reaktionsplan zu erstellen, der Folgendes umfasst:

- *Abhilfemaßnahmen* für den Cybersicherheitsvorfall
- *Kommunikationsplan:* Die Erstellung eines Kommunikationsplans kann interne interessierte Parteien einbeziehen (beispielsweise Marketing oder Öffentlichkeitsarbeit), Produkt- und Entwicklungsteams, die Rechtsabteilung, die Kundenbetreuung, das Qualitätsmanagement, das Management und gegebenenfalls den Einkauf. Darüber hinaus kann der Kommunikationsplan auch externe interessierte Parteien mit einbeziehen wie beispielsweise Forschung, die Öffentlichkeit oder Behörden.
- *zugewiesene Verantwortlichkeiten für die Abhilfemaßnahmen:* Hierbei geht es neben Personen mit dem erforderlichen Fachwissen über die vom Sicherheitsvorfall betroffene Komponente auch um Personen mit den erforderlichen organisatorischen Kenntnissen (bspw. Geschäftsprozesse oder Krisenkommunikation). Des Weiteren müssen Eskalationsinstanzen mit entsprechender Entscheidungsbefugnis aufgeführt werden.
- *ein Verfahren zur Bestimmung des Fortschritts* der Abhilfemaßnahmen. Dies ermöglicht die Überwachung der Umsetzung der Gegenmaßnahmen hinsichtlich der inhaltlich und zeitlich angemessenen Lösung.
- *Kriterien für den Abschluss* eines Sicherheitsvorfalls
- *Nachbereitung von Vorkommnissen* im Sinne einer abschließenden Dokumentation der getroffenen Maßnahmen sowie der strukturierten Ableitung zukünftiger systemtechnischer und organisationsbezogener Verbesserungen (Lessons Learned)

### 8.2.3  Software-Updates zur Behebung von Sicherheitslücken

Nach einem Sicherheitsvorfall sind ist die Funktionsfähigkeit sowie die Widerstandsfähigkeit gegen unberechtigten Zugriff Dritter wiederherzustellen. Möglichkeiten der Wiederherstellung ist ein „Rollback", d. h. eine Aktualisierung, um den vorherigen Zustand der Komponente wiederherzustellen. Alternativ kommt es zu einem Ersatz oder einer Reparatur der Komponente. Über den Lebenszyklus kann es dazu kommen, dass der Hersteller keinen Service mehr für eine Komponente anbietet. In diesem Fall muss ein Verfahren etabliert werden, um den Kunden mitzuteilen, wenn ein Beschluss gefasst wurde, die langfristige Unterstützung einer Komponente in Bezug auf die Cybersecurity zu beenden. Hierfür müssen Entscheidungen über den Zeitrahmen für die Kommunikation sowie die Art der Kommunikation getroffen werden.

### 8.3  Schutz vor unberechtigtem Zugriff bei Stilllegung

Die Stilllegung ist Teil des Lebenszyklus eines Kraftfahrzeugs, bzw. seiner Komponenten. Die Stilllegung ist bereits frühzeitig mit im Lebenszyklus in der Konzept- und Produktentwicklungsphase mit zu berücksichtigen. Die Stilllegung unterscheidet sich vom Ende des Supports (siehe vorheriger Abschnitt). Eine Organisation kann die Unterstützung für einen Artikel oder eine Komponente beenden, aber diese Komponente kann im Feld noch wie vorgesehen funktionieren. Sowohl die Außerbetriebnahme als auch die Beendigung des Supports haben Auswirkungen auf die Cybersicherheit, die jedoch gesondert betrachtet werden. Die Stilllegung kann ohne Wissen der Organisation und in einer Art und Weise erfolgen, dass die festgelegten Verfahren zur Stilllegung faktisch nicht durchgesetzt werden können. Im Rahmen der Stilllegung muss beispielsweise sichergestellt werden, dass niemand unberechtigte Zugriff auf im Kraftfahrzeug vorhandene personenbezogene Daten erhalten kann.

# Zukünftige Herausforderungen

9

Die Komplexität eines Cybersecurity-Engineerings und seine enge Verzahnung mit den Entwurfsprozessen der Funktionalen Sicherheit ist in diesem *essential* verdeutlicht worden. Die Automobilindustrie muss die auf die Funktionale Sicherheit und die Cybersecurity gerichteten Entwurfsaufgaben zukünftig aufeinander abgestimmt bewerkstelligen (vgl. Abschn. 9.1). Da Cybersecurity Eingeering nicht mit dem Start of Production (SOP) endet, sind neue Techniken für ein gesichertes Update von Fahrzeugen im Feld (SOTA, Softwareupdate over the air, vgl. Abschn. 9.2) erforderlich. Findet die Automobilindustrie passende Antworten auf diese Herausforderungen, profitieren Fahrer von höherer Sicherheit und Komfort und der Automobilindustrie eröffnen sich neue Geschäftsmodelle im Zusammenhang mit zunehmend höher automatisierten Fahrzeugen.

## 9.1 Co-Engineering von Funktionaler Sicherheit und Cybersecurity

Die Funktionale Sicherheit und die Cybersecurity weisen – wie bereits zu Beginn dieses *essentials* dargestellt – enge Anknüpfungspunkte zueinander auf. Bestehen in gewissen Aspekten Analogien in der Gestaltung von Safety und Security (beispielsweise hinsichtlich der allgemeinen Zielsetzung und des methodischen Vorgehens im Sinne eines Systems Engineerings), weisen Safety und Security allerdings auch relevante Unterschiede zueinander auf (beispielsweise bezüglich der sich stetig verändernden Bedrohungslage in der Cybersecurity im Gegensatz zu allgemein bekannten Fehlermechanismen der Funktionalen Sicherheit). Es stellt sich also die Frage, inwieweit sich in der Gestaltung funktional sicherer und angriffssicherer elektronischer Steuerungssysteme Synergien finden lassen.

© Der/die Autor(en), exklusiv lizenziert an Springer-Verlag GmbH, DE, ein Teil von Springer Nature 2023
L. Schnieder, *Leitfaden Automotive Cybersecurity Engineering*, essentials, https://doi.org/10.1007/978-3-662-67333-1_9

Hierbei müssen die Unternehmen jeweils auf ihre Bedürfnisse zugeschnittene Prozesse definieren, die sich zwischen den folgenden Extremen bewegen:

- *Definition separater Prozesse* für die Funktionale Sicherheit und die Cyber-security mit hieraus erwachsenden Problemen in der Synchronisierung, insbesondere der Anforderungen und Lösungskonzepte.
- *Definition eines integrierten Prozesses* für die Funktionale Sicherheit und die Cybersecurity mit hieraus erwachsenden Problemen der Verfügbarkeit von Ressourcen für die jeweils gleichzeitige Bearbeitung der speziellen Aspekte der Funktionalen Sicherheit und der Cybersecurity.

## 9.2    Absicherung von „Softwareupdates over the air" (SOTA)

Über die Synergien zwischen Funktionaler Sicherheit und Cybersecurity hinaus müssen über den Lebenszyklus hinweg neue Methoden zum Update der im Feld befindlichen Fahrzeugflotte gefunden werden. Aktuelle Ansätze eines jährlichen Inspektionsintervalls für Fahrzeuge sind nicht mehr ausreichend, da das Fahr-zeug dann einer erkannten Schwachstelle zu lange ausgesetzt wäre. Auch ein dementsprechend häufigerer Rückruf in die Werkstatt ist keine Option durch die damit korrespondierenden Kosten und das Unsicherheitsgefühl des Kunden. Soft-ware Updates über Mobilfunk sind hier die Lösung, da sie günstig und schnell realisiert werden können. Die Grundbedingungen (Konnektivität) stehen hierfür bereit. Es müssen jetzt Ansätze und Architekturen definiert werden, dass dies auch tatsächlich gesichert in die Praxis umgesetzt werden kann (Koegel und Wolf 2016).

# Was Sie aus diesem *essential* mitnehmen können

- Sie wissen, warum Cybersecurity für zunehmende Fahrzeugautomatisierung wichtig ist und eines strukturierten Entwicklungsansatzes bedarf.
- Sie wissen, wie ausgehend von einer Bedrohungsidentifikation und Risikobewertung in einem strukturierten Vorgehen wirksame auf die Angriffssicherheit bezogene Schutzkonzepte, Anforderungen und Architekturen abgeleitet werden.
- Sie wissen, dass die stringente Umsetzung ganzheitlicher Schutzkonzepte nicht nur die Umsetzung eines stringenten Engineerings in einem konkreten Projekt erfordert, sondern weitere Anforderungen an die Reife einer Organisation in Bezug auf die Befähigung zur Entwicklung angriffsgeschützter Systeme stellt.
- Sie wissen, wie vor dem Hintergrund des Produkthaftungsrechts ein erfolgreicher Nachweis eines ausreichenden Schutzes sicherheitsrelevanter elektronischer Steuerungssysteme gegen unberechtigte Zugriffe von außen gelingt.

© Der/die Herausgeber bzw. der/die Autor(en), exklusiv lizenziert an Springer-Verlag GmbH, DE, ein Teil von Springer Nature 2023
L. Schnieder, *Leitfaden Automotive Cybersecurity Engineering*, essentials, https://doi.org/10.1007/978-3-662-67333-1

# Literatur

Bundesamt für Sicherheit in der Informationstechnik. 2016. *Ein Praxisleitfaden für IS-Penetrationstests*. Bonn: BSI.

DIN 25424-1:1981-09. *Fehlerbaumanalyse; Methode und Bildzeichen*.

DIN EN 50159:2011-04:2011-04. 2010. *Bahnanwendungen – Telekommunikationstechnik, Signaltechnik und Datenverarbeitungssysteme – Sicherheitsrelevante Kommunikation in Übertragungssystemen*. Deutsche Fassung EN 50159:2010.

DIN EN 61882:2017-02; HAZOP-Verfahren (HAZOP-Studien).

DIN EN ISO/IEC 17020:2012-07. 2012. *Konformitätsbewertung – Anforderungen an den Betrieb verschiedener Typen von Stellen, die Inspektionen durchführen* (ISO/IEC 17020:2012). Deutsche und Englische Fassung EN ISO/IEC 17020:2012.

DIN EN IEC 31010:2022-09: Risikomanagement – Verfahren zur Risikobeurteilung (IEC 31010:2019).

DIN IEC 62443-3-3:2015-06. 2014. *Industrielle Kommunikationsnetze – IT-Sicherheit für Netze und Systeme – Teil 3–3: Systemanforderungen zur IT-Sicherheit und Security-Level* (IEC 62443-3-3:2013 + Cor.: 2014).

DIN EN ISO/IEC 27001:2017-06: Informationstechnik – Sicherheitsverfahren – Informationssicherheitsmanagementsysteme – Anforderungen. Deutsche Fassung EN ISO/IEC 27001:2017.

ISO/SAE 21434:2021-08: Straßenfahrzeuge – Cybersecurity engineering.

Ernsthaler, Jürgen., Kai Strübbe, und Leonie Bock. 2007. *Zertifizierung und Akkreditierung technischer Produkte – ein Handlungsleitfaden für Unternehmen*. Berlin: Springer.

Ihle, Marcus, und Benjamin Glas. 2016. *Impact of demonstrated remote attacks on security of connected vehicles. Fahrerassistenzsysteme 2016 Proceedings*. Berlin: Springer.

ISO 26262-1:2011. Road vehicles – Functional safety –(Part 1–10).

Jelacic, Bojan, Daniela Rosic, Imre Lendak, Mrina Stanojevic, und Sebastian Stoja. 2018. STRIDE to a secure smart grid in a hybrid cloud. In *CyberI CPS 2017/SECPRE 2017, LNCS 10683*, Hrsg. S.K. Katsikas, 77–90. Berlin: Springer.

Koegel, Marcus. 2016. *Marko Wolf: Auto update – safe and secure over-the-air (SOTA) software update for advanced driving assistance systems. Fahrerassistenzsysteme 2016 Proceedings*. Berlin: Springer.

Krimmling, Jürgen. 2017. *Ampelsteuerung – Warum die grüne Welle nicht immer funktioniert*. Berlin: Springer.

Krüger, Philip. 2015. *Architektur Intelligenter Verkehrssysteme (IVS) Grundlagen, Begriffs-bestimmungen, Überblick, Entwicklungsstand.* Berlin: Springer.

Röhl, Hans Christian. 2000. *Akkreditierung und Zertifizierung im Produktsicherheitsrecht.* Berlin: Springer.

SAE J 3061:2021-12-15 – Cybersecurity Guidebook for Cyber-Physical Vehicle Systems.

Schmittner, Christoph, Zhendong Ma, Carolina Reyes, Oliver Dillinger, und Peter Puschner. 2016. Using SAE J 3061 for automotive security requirement engineering. In *SAFE-COMP 2016 Workshops. LNCS 9923*, Hrsg. A. Skavhaug, 157–170. Berlin: Springer.

Schnieder, Lars. 2018. *Schutz Kritischer Infrastrukturen im Verkehr – Security Engineering als ganzheitlicher Ansatz.* Berlin: Springer.

Schnieder, Lars. 2021. *Schutz Kritischer Infrastrukturen im Verkehr – Security Engineering als ganzheitlicher Ansatz,* 3. Aufl. Berlin: Springer.

Schoitsch, Erwin, Christoph Schmittner, Zhendong Ma, und Thomas Gruber. 2016. The need for safety and cyber-security co-engineering and standardization for highly auto- mated automotive vehicles. In *Advanced microsystems for automotive applications 2015. Lecture notes in mobility*, Hrsg. T. Schulz, 251–261. Berlin: Springer.

Printed in the United States
by Baker & Taylor Publisher Services